生物と科学
生物に挑む科学の歩み

木内 一壽 編著

横川 隆志・吉田 信行・中川 裕之・金原 和秀・堀内 城司 共著

培風館

執筆者一覧

■ 編著者

木内一壽　　岐阜大学科学研究基盤センター特任教授 [1章, 9章, 15章]

■ 著 者

横川隆志　　岐阜大学工学部教授　　　　　　　[1章, 7章]

吉田信行　　静岡大学工学部准教授　　　　　　[2章, 3章, 6章]

中川裕之　　福岡大学理学部教授　　　　　　　[4章, 8章, 10章]

金原和秀　　静岡大学工学部教授　　　　　　　[5章, 14章]

堀内城司　　東洋大学理工学部教授　　　　　　[11章, 12章, 13章]

本書の無断複写は，著作権法上での例外を除き，禁じられています。
本書を複写される場合は，その都度当社の許諾を得てください。

まえがき

　古くから生物の繊細な仕組みと巧みな機能を明らかにするため科学は挑んできました。そして，生物の謎解きのために様々な技術が生み出され，科学を歩ませてきました。地球上の生物は，「化学進化」の過程で生み出された多様な生体分子を組み合わせ，自己複製という機能をもつ「細胞」を基本としています。例えば，遺伝子である DNA の構造の中には，自己複製に必要な様々な仕組みが備わっています。遺伝子構造の解明には X 線回折法が大きな役割を果たしています。ワトソンとクリックはこの技術により得られた散乱スペクトルから「DNA 二重らせん構造」を見いだしました。二重らせんには遺伝子の「半保存的複製」に必要とされる，すべての要素が含まれています。その後，分子生物学の進展とそれを支える遺伝子工学の発展には目覚ましいものがあり，21 世紀は「生命の謎を解き明かす」世紀としても注目されています。

　現在，生物学は大学の自然科学系の基礎科目として各大学で講義されていますが，取り上げる項目は生命誕生から地球環境まで多岐にわたっています。すなわち，生物を構成する核酸，アミノ酸などの有機低分子から地球規模での炭素循環経路まで，生物学は多くの要素からなる複雑な現象を取り扱っています。そのいずれの「システム」においても，含まれる要素は単なる集合体でなく，要素間の結びつきにより，多様な機能を生み出しています。これまでは，生物学は「博学的」と言われており，1 つ 1 つの項目を暗記することに主眼がおかれていました。しかし，生物はシステムの側面から俯瞰すると，非常にダイナミックで，長い進化を経て洗練されたその仕組みについて，理解する必要があります。遺伝現象 1 つを取り上げても，そのシステムが解明されてきた流れを知り，その本質を理解できれば，生命現象についてさらに色々なことがわかってくると思います。

　そこで本書では，先人が明らかにした生物の知識体系の中で，「ヒト」にかかわる項目を中心として取り上げ，興味がもてるように工夫しました。本書は 15 の章からなりますが，すべての章では関連するノーベル賞について紹介し，各々の賞がどのように自然科学の進歩に貢献してきたかまとめてあります。さらに，各章では「温故知新」の観点から，先駆けとなった生物学にかかわる科学史を簡潔にまとめてみました。また，コラムでは各々の章における最近の話題を取り上げてみました。息抜きとして読んでください。一方，新しい試みとして，生体を 1 つのシステムとして捉えて生物的現象を解きほぐす「システムバイオロジー」と，生物が進化の過程で獲得してきた巧妙な仕組みを実社会に応用した「バイオミメティックス」について，実例をあげてわかりやすく解説しました。新たな観点から，生物の実態が見えてくると思います。

　本書と Web 上の資料を読むことにより，マスコミで報道されるヒトを中心とする生物学的な話題を理解できるようになれば幸いです。これから生物学を基礎としてさらに科学技術を深く勉強していく理系の学生にとっても，一般的な素養として生物学を身につけたい文系の学生にとっても，「生物と科学」の道標になればと，筆者一同考えております。

本書の出版にあたり，機会を与えてくださいました培風館の斉藤淳氏と，編集に際し，細部にわたり様々な面でお世話になりました江連千賀子氏に心から感謝申し上げます。

2018 年 4 月

木 内 一 壽

目　次

1　地球における生命誕生と進化のシナリオ ——————— 1

1.1　は じ め に　1

1.2　生命の誕生にかかわる科学史　2

　1.2.1　パスツールによる自然発生説の否定

　1.2.2　オパーリンの化学進化説

　1.2.3　ユーリー・ミラーの実験

　1.2.4　光学異性体と生体有機低分子

　1.2.5　リボザイムと RNA ワールド

1.3　生命を構成する有機低分子の特徴　6

　1.3.1　有機低分子と水

　1.3.2　生命を構成する有機低分子と光学異性体：L-アミノ酸と D-グルコース

　1.3.3　核酸：4 種類の有機塩基と遺伝暗号

　1.3.4　生体膜とリン脂質

1.4　生命の誕生からヒトまでの進化の道筋　12

2　顕微鏡が明らかにした細胞のすがた ——————— 14

2.1　は じ め に　14

2.2　細胞にかかわる科学史　15

　2.2.1　光学顕微鏡の発明と細胞の発見

　2.2.2　ドイツの 3 学者による細胞説の提唱

　2.2.3　細胞内小器官の発見

　2.2.4　電子顕微鏡の発明と細胞膜の二重膜構造の観察

　2.2.5　緑色蛍光タンパク質の発見とその応用

2.3　細胞と細胞内小器官　18

　2.3.1　細 胞 膜

　2.3.2　細胞内小器官

　2.3.3　細 胞 骨 格

2.4　原核生物と真核生物　22

2.5　第 3 の生物？　古細菌　23

3 生命を形づくる有機高分子の秘密 ——————— 25

3.1 は じ め に　25

3.2 **有機高分子の構造にかかわる科学史**　26

　　3.2.1 X線構造解析の基礎であるブラッグの法則

　　3.2.2 天然高分子のらせん構造の発見

　　3.2.3 生体高分子のX線回折の歴史

3.3 **第1の鎖：核酸**　27

　　3.3.1 遺伝子の本体がDNAであることはいかにして証明されたか

　　3.3.2 DNA二重らせん構造はいかにして発見されたか

3.4 **第2の鎖：タンパク質**　29

　　3.4.1 タンパク質の一次構造

　　3.4.2 α-ヘリックス構造とβ-シート構造

　　3.4.3 タンパク質の種類

3.5 **第3の鎖：多糖類**　32

　　3.5.1 エネルギー貯蔵にかかわる多糖類

　　3.5.2 細胞壁の成分となる多糖類

　　3.5.3 その他の生物に見られる多糖類

　　3.5.4 血液型と糖鎖

4 遺伝子の変異と進化の中立性 ——————— 36

4.1 は じ め に　36

4.2 **遺伝情報と生物進化にかかわる科学史**　37

　　4.2.1 遺伝形質の多様性と変異

　　4.2.2 DNAの遺伝情報とトリプレット

　　4.2.3 分子時計と進化

4.3 **遺伝子が複製される仕組みと複製ミスの修復**　39

　　4.3.1 DNAの二重らせんにおける相補性と遺伝子の複製

　　4.3.2 DNAの相補的な複製のメカニズム

　　4.3.3 DNA複製の正確性と誤り

　　4.3.4 セントラルドグマ

　　4.3.5 転　　写

　　4.3.6 翻　　訳

4.4 **遺伝子の変異と進化**　46

　　4.4.1 遺伝子の変異

　　4.4.2 遺伝子の変異と自然選択

4.5 **分子時計と分子進化中立論**　47

　　4.5.1 分 子 時 計

　　4.5.2 分子進化中立説

5 エントロピーの増大にあらがう生命 ——————— 49

5.1 は じ め に　49

5.2 エントロピーと生命にかかわる科学史　50
    5.2.1 酵素の発見から酵素反応速度論まで
    5.2.2 生命現象における熱力学とエントロピー

5.3 生化学反応と熱力学　51
    5.3.1 生体におけるエネルギーの流れ
    5.3.2 熱力学の第一法則と第二法則と生命活動
    5.3.3 代謝反応とギブス自由エネルギー

5.4 酵素反応と標準ギブス自由エネルギーの変化　53
    5.4.1 標準ギブス自由エネルギーの変化とは
    5.4.2 活性化エネルギー障壁と酵素反応

5.5 酵　　素　54
    5.5.1 酵 素 と は
    5.5.2 酵素の特性
    5.5.3 酵素の命名法と分類
    5.5.4 酵素反応の特徴
    5.5.5 酵素反応に必要とされる補因子

5.6 酵素反応速度論　57

5.7 ラインウィーバー・バークプロットからの K_m と V_{max} の算出　59

5.8 地球上における生物間でのエネルギーのやり取り　60

6 無限のエネルギーを生み出す光合成 ——————— 62

6.1 は じ め に　62

6.2 光合成にかかわる科学史　63
    6.2.1 光合成の発見の歴史
    6.2.2 クロロフィルの分離と構造解析
    6.2.3 光合成におけるカルビン・ベンソン回路の発見

6.3 植物の光合成　65
    6.3.1 光合成の場：葉緑体
    6.3.2 光からエネルギーが得られる仕組み：光電子伝達系
    6.3.3 二酸化炭素を固定して有機物をつくる：カルビン・ベンソン回路
    6.3.4 二酸化炭素をさらに有効利用するための機構：二酸化炭素濃縮機構

6.4 バクテリアによる二酸化炭素固定　68
    6.4.1 光合成を行うバクテリア
    6.4.2 化学合成細菌

6.5 光合成とバイオマス　70

7 ミトコンドリアにひそむ二面性 ——————— 72

7.1 はじめに　72

7.2 ミトコンドリアにかかわる科学史　73
  7.2.1 ミトコンドリアの形態解析
  7.2.2 ミトコンドリアの機能解析
  7.2.3 ミトコンドリアの起源

7.3 ミトコンドリアの形状とエネルギー産生工場としての役割　74
  7.3.1 ミトコンドリアの形状
  7.3.2 アセチル CoA の生成
  7.3.3 クエン酸回路
  7.3.4 電子伝達系
  7.3.5 ATP の合成
  7.3.6 ミトコンドリアとアポトーシス

7.4 ミトコンドリア DNA と分子時計　81
  7.4.1 ミトコンドリア DNA
  7.4.2 母性遺伝とミトコンドリア病
  7.4.3 ミトコンドリア・イブとホモ・サピエンスの大陸移動

8 遺伝子組換えがもたらす新しい世界 ——————— 86

8.1 はじめに　86

8.2 遺伝子組換えにかかわる科学史　87
  8.2.1 DNA による形質転換の発見
  8.2.2 制限酵素と形質導入の発見
  8.2.3 遺伝子組換え技術の確立

8.3 プラスミド，制限酵素と DNA リガーゼ　89
  8.3.1 プラスミド
  8.3.2 制限酵素と DNA リガーゼ

8.4 遺伝子クローニングと PCR 法　90
  8.4.1 遺伝子クローニング
  8.4.2 逆転写による cDNA 合成
  8.4.3 PCR 法

8.5 組換えインスリン　93
  8.5.1 インスリン
  8.5.2 組換えインスリン
  8.5.3 組換えインスリンの改良

8.6 クローン生物とゲノム編集　95
  8.6.1 クローンとは
  8.6.2 クローン化技術の発展

8.6.3 トランスジェニック，遺伝子ノックアウト，遺伝子ノックイン

8.6.4 ゲノム編集

9 生命現象を読み解くシステムバイオロジー ——— 100

9.1 はじめに 100

9.2 システムバイオロジーにかかわる科学史 101

   9.2.1 キャノンによるホメオスタシスの概念

   9.2.2 ウィーナーによるサイバネティックスの提起

   9.2.3 ベルタランフィによる一般システム論の提起

   9.2.4 北野宏明によるシステムバイオロジーの提唱

9.3 システムバイオロジーの基礎 104

   9.3.1 システムのロバストネス

   9.3.2 システムのフラジリティ

9.4 システムバイオロジーによる解析例 106

10 がん化を防ぐ細胞周期の門番 ——— 110

10.1 はじめに 110

10.2 細胞周期にかかわる科学史 111

   10.2.1 細胞分裂，染色質，染色体

   10.2.2 M 期促進因子の発見

   10.2.3 p53 の発見

   10.2.4 チェックポイント

10.3 有糸分裂と細胞周期 113

   10.3.1 間期と分裂期

   10.3.2 間期での細胞成長

   10.3.3 間期での染色体の複製と修復

   10.3.4 核分裂期での染色体の凝集と分配

   10.3.5 細胞質分裂

10.4 細胞周期のチェックポイント 116

   10.4.1 MPF とチェックポイント

   10.4.2 その他のチェックポイント

10.5 がん原遺伝子とがん抑制遺伝子 118

   10.5.1 成長因子と細胞周期

   10.5.2 がん原遺伝子とがん抑制遺伝子

   10.5.3 がんとチェックポイント異常

11 ホルモンによる生体機能の巧みな調節システム ——— 121

11.1 は じ め に 121

11.2 ホルモンの発見にかかわる科学史 122
11.2.1 膵臓のランゲルハンス島の発見
11.2.2 膵臓ランゲルハンス島よりインスリンを抽出
11.2.3 副腎皮質よりコルチゾンを発見
11.2.4 インスリンのアミノ酸配列を決定
11.2.5 甲状腺刺激ホルモン放出ホルモンの単離精製

11.3 ホルモンとは 124

11.4 様々な内分泌腺とホルモン 124
11.4.1 脳下垂体と8種類のホルモン
11.4.2 甲状腺とホルモン
11.4.3 膵臓ランゲルハンス島と血糖調節ホルモン
11.4.4 副腎と4種類のホルモン
11.4.5 卵巣・精巣と性ホルモン

11.5 内分泌系の最高位中枢としての視床下部 127

11.6 生体の恒常性とホルモンの分泌調節機構 128

11.7 ホルモンの合成とその作用発現メカニズム 129

11.8 臓器・組織から分泌されるホルモン 130

11.9 ストレスホルモンとPTSD 131

12 デジタル信号とアナログ信号を使い分ける神経系 ——— 133

12.1 は じ め に 133

12.2 神経インパルス伝導とシナプス伝達にかかわる科学史 134
12.2.1 神経細胞間の特徴的な障壁をシナプスと命名
12.2.2 シナプス構造のニューロン説と網状説の論争
12.2.3 迷走神経(副交感神経)から放出される心臓の鼓動制御物質の発見
12.2.4 イカ巨大神経の軸索での神経インパルスの計測

12.3 神経系を構成する細胞 135
12.3.1 ニューロンの形態的特徴
12.3.2 ニューロンの興奮と全か無かの法則
12.3.3 軸索での興奮の伝導
12.3.4 シナプスでの情報伝達

12.4 神経系の分類 139
12.4.1 身体の司令塔としての中枢神経系
12.4.2 新皮質と情報のやり取りをする体性神経系
12.4.3 ホメオスタシスにかかわる自律神経系

12.5 海馬におけるシナプス可塑性と記憶 141

13 無限の敵を打ち負かす免疫のからくり ——————— 143

13.1 は じ め に 143

13.2 免疫メカニズムと抗体多様性の解明にかかわる科学史 144

13.2.1 ジェンナーによる種痘法の開発

13.2.2 パスツールによるニワトリコレラ菌を用いたワクチンの理論的裏づけ

13.2.3 北里による破傷風毒素に対する血清療法の開発

13.2.4 カレルによる血管吻合技術の開発と臓器移植の基礎技術の確立

13.2.5 スネルによる主要組織適合遺伝子複合体の発見

13.2.6 バーネットによる抗体の特異性を説明するクローン選択説の提唱

13.2.7 利根川による抗体遺伝子再構成の証明

13.3 免疫の概念 146

13.4 免疫に関連する組織や器官 147

13.5 自然免疫（非特異的免疫） 147

13.5.1 生体防御の最前線

13.5.2 体内での非特異的な防衛

13.6 獲得免疫（特異的免疫） 149

13.6.1 獲得免疫の発動

13.6.2 細胞性免疫による病原体の排除

13.6.3 体液性免疫と抗体の生成

13.6.4 抗体の構造と多様性

13.7 自己と非自己と免疫寛容 152

13.7.1 免疫寛容のメカニズム

13.7.2 主要組織適合遺伝子複合体（MHC）と臓器移植の拒絶反応

13.8 免疫記憶と医療 153

13.9 免疫と疾患 154

13.9.1 アレルギー

13.9.2 ヒト免疫不全ウイルス（HIV）の感染・発症メカニズム

14 全地球的気候変動による生物多様性の危機 ——————— 157

14.1 は じ め に 157

14.2 気候変動と生命多様性の危機にかかわる科学史 157

14.2.1 人間の生活・産業活動と地球環境の悪化

14.2.2 温室効果ガスと地球温暖化

14.3 生態系への影響 159

14.4 気候変動の原因 159

14.5 オ ゾ ン 層 160

14.6 炭 素 循 環 161

14.7 窒 素 循 環 162

14.8 グリーンケミストリーの12原則　164

14.9 持続可能な未来のための生物学　165

15 生物から学ぶバイオミメティックス ——————— 167

15.1 は じ め に　167

15.2 バイオミメティックスにかかわる科学史　168

　　15.2.1 オットー・シュミットによるバイオミメティックスの提唱

　　15.2.2 バイオミメティックス黎明期の発明

　　15.2.3 材料化学とバイオミメティックス

15.3 様々な分野で発展したバイオミメティックス　169

　　15.3.1 生体膜の構造を模倣した人工脂質二分子膜の応用

　　15.3.2 イガイの接着タンパク質と医学への応用

　　15.3.3 蓮の葉の超撥水性とヨーグルト瓶のアルミニウムの蓋

　　15.3.4 クロロフィルと色素増感太陽電池

　　15.3.5 ヤモリ足指先の枝毛のスパチュラ構造と粘着剤フリーの接着テープ

　　15.3.6 「生物のかたち」を模倣した最近の話題

文　　献 ——————————————————— 175

索　　引 ——————————————————— 177

1 地球における生命誕生と進化のシナリオ

1.1 はじめに

　現在の天の川銀河のオリオン座あたりで，約46億年前，超新星爆発が起こり，原始太陽系星雲は誕生したと考えられている。次に，原始太陽を中心とした原始惑星円盤の中で，原始地球は微惑星を取り込みながら成長し，途中で原始地球の数分の一という惑星が衝突して月ができ，約40億年前，冷えた地球に海が形成され，生命誕生の舞台が整ったと推定されている。

　本章では，地球上に生命が誕生するまでの過程にかかわる様々な仮説の中でも，比較的よく知られ支持されているものを取り上げる。さらに，生体を構成

〈RNA の触媒機能の発見〉　ノーベル化学賞 (1989)
　トーマス・チェック (Cech, T. R., 1947–)
　シドニー・アルトマン (Altman, S., 1939–)
　チェックは，繊毛をもつ原生動物，テトラヒメナのリボソーム RNA (rRNA) 遺伝子に存在するイントロンがどのように除去されるか研究していたが，その際，rRNA 前駆体自身で自己スプライシングすることを発見した。これまで，生体反応はすべてタンパク質が触媒すると考えられていたので，これは，常識外れの結果であり，チェックは，この RNA 分子をリボザイムと命名した [*Cell*, 31, 147–157 (1982)]。アルトマンは以前より，トランスファー RNA (tRNA) 前駆体の 5′ 側の余分な配列を切断する酵素について研究し，この酵素が RNA とタンパク質の複合体からなることを報告していたが，チェックの報告から，RNA 成分に切断活性があるかもしれないと考え，実際に RNA 成分が，tRNA 前駆体を切断する触媒となることを証明した [*Cell*, 35, 849–857 (1983)]。これらの発見は RNA が遺伝情報を担うだけでなく，酵素としての役割を果たすことができることを意味しており，RNA ワールド仮説の論理的主柱となった。

Keyword

自然発生説，化学進化説，コアセルベート，ユーリー・ミラーの実験，光学異性体，不斉炭素，リボザイム，RNA ワールド，アミノ酸，糖質，核酸，脂質，電気陰性度，水素結合，官能基，親水性，ファンデルワールス力，疎水性，代謝，L-アミノ酸，ペプチド結合，縮合，D-グルコース，グリコシド結合，有機塩基，D-デオキシリボース，D-リボース，相補的塩基対，リン酸エステル結合，リン脂質二重層，アセチル CoA，ストロマトライト，シアノバクテリア，ホモ・サピエンス・サピエンス

する有機低分子，アミノ酸，糖質，核酸，脂質の特徴について解説する。これらの知識をもとに，原始地球において誕生した生命のイメージを想像できる素養を身につけてほしい。

1.2 生命の誕生にかかわる科学史

1.2.1 パスツールによる自然発生説の否定

表 1.1 に示すように，パスツール（Pasteur, L., 1822-1895）は古代ギリシャ時代から連綿と提唱されていた生命の**自然発生説**を否定した。これは肉汁などの有機物を含む液体のみから微生物は発生しないことを証明した 1861 年の実験に由来している。パスツールは図 1.1 に示すような「スワンネックフラスコ」の中に入れてある肉汁溶液を加熱沸騰させれば，腐敗は起こらないことを明らかにした。

さらに，どの温度で殺菌できるか検証し，1866 年には低温殺菌法（パスチャライゼーション）を開発し，風味を損なわずワイン酸敗を防ぐことに成功した。パスツールの実験は，微生物が存在しない限り腐敗は起こらないことを証明したもので，約 40 億年前の原始地球で生命が誕生したことを否定するものではない。

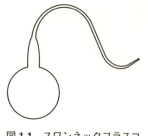

図 1.1　スワンネックフラスコ

1.2.2 オパーリンの化学進化説

生命の起源に関しては，1922 年にオパーリン（Oparin, A. I., 1894-1980）が「生命の起源」の中で提唱した**化学進化説**がよく知られている。40 億年前の原始地球は地殻が形成され海も存在していたが，火山の爆発，稲妻，豪雨など凄まじい場所であったと推定されている。原始地球では大気は還元的なガスで満

表 1.1　生命の誕生と生体有機低分子に関連する科学史

西暦	科学者	史実
1848	ルイ・パスツール	酒石酸の旋光性（光学異性体）の発見
1861	ルイ・パスツール	自然発生説の否定
1874	ファント・ホッフ	炭素原子の化学結合が正四面体の頂点に配置されることが光学活性にかかわることを提唱
1922	アレクサンドル・オパーリン	著書「地球上における生命の起源」にて化学進化説を提唱
1953	ハロルド・ユーリー スタンリー・ミラー	還元的な原始地球大気からの窒素誘導体の形成を検証する「ユーリー・ミラーの実験」の結果を報告
1982	トーマス・チェック	RNA の自己スプライシング現象を発見し，リボザイムと命名
1983	シドニー・アルトマン	リボヌクレアーゼ P を構成する RNA が単独でも酵素として機能することを発見
1986	ウォルター・ギルバート	RNA ワールド説を提唱

1.2 生命の誕生にかかわる科学史

図1.2 微化石が発見されたカナダ東北部の最古の堆積岩

たされており，太陽の紫外線や雷の放電エネルギーにより化学反応を起こして，生命の基本となる有機低分子が生じたとオパーリンは考え，主要な有機低分子である，アミノ酸，単糖，核酸，脂肪酸などが**コアセルベート**とよばれる境界を有する液滴に取り込まれて，非常に長い時間をかけ自己増殖するようになったのではないかと唱えた。一方で，宇宙空間で生成した有機物が彗星とともに地球に落下して生命の材料となったという説や生命自体が宇宙から飛来したという説（パンスペルミア説）もある。

これまでは，約38億年前には原始生命体が地球上に存在するようになったと推定され，オーストラリアのグリーンストーン帯の約35億年前の地層で発見された藍藻類の微化石が地球上の最も古い生命体とされていた。しかし，2017年3月にカナダのケベック州で発見された化石は，37億7,000万年～42億8,000万年前の赤鉄鉱チャートの地層にあり，規則正しい管状の微小な構造体で，鉄分を豊富に含んでいる［*Nature*, 543:60-64 (2017)］。また，傍には熱水噴出孔の痕跡も見つかっており，熱源と鉄イオンを利用して生命エネルギーを得ていたものと考えられている。9月には日本のチームがカナダのラブラドル北部にある約39億5000万年前の堆積岩から生命の痕跡を発見している［*Nature*, 549:516-518 (2017)］。図1.2に，新たに原始生命の微化石が発見された場所を示す。

1.2.3 ユーリー・ミラーの実験

オパーリンの化学進化説を実験的に検証したのが，ユーリー (Urey, H. C., 1893-1981) とミラー (Miller, S. L., 1930-2007) である。20世紀半ば，原始地球の大気は還元的なものと考えられており，ユーリーとミラーは，メタン (CH_4)，アンモニア (NH_3)，水 (H_2O)，水素 (H_2) からなる混合ガスに放電し，ホルムアルデヒド (HCHO)，シアン化水素 (HCN)，ギ酸 (HCOOH) などの簡単な有機物が生成することを見いだした（図1.3）。

さらに，1週間ほど放電を続けると，冷却水で凝縮された水溶

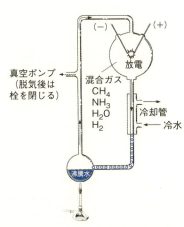

図1.3 ユーリー・ミラーの実験装置

液に，グリシン（H$_2$N-CH$_2$-COOH），アラニン（H$_2$N-CH（CH$_3$）-COOH）など，生命現象にかかわるアミノ酸が含まれることを確認し，「A production of amino acid under possible primitive earth condition（考えうる原始地球条件下でのアミノ酸の生成）」という論文を発表した．現在では，原始地球の大気は酸化的で，どの程度，大気に酸素が含まれていたかが論争されている．しかし，ユーリー・ミラーの実験は熱水が化学進化説に重要であることを示した初の実証実験として認知されている．

1.2.4　光学異性体と生体有機低分子

表1.1に示すように，1848年，パスツールはワインの澱に含まれる酒石酸の研究で外形の異なる2種類の結晶を発見した（図1.4）．平面偏光（電場の振動の向きが特定の一方向のみにある光）を用いた実験により，各々の結晶の水溶液は旋光性が異なることを見いだし，酒石酸には光学異性体が存在することを明らかにした．旋光性とは，有機低分子を含む水溶液中を平面偏光が透過するとき，偏光面を左あるいは右に回転させる性質をいい，左に旋回させるものはL型，右に旋回させるものはD型と定義されている．

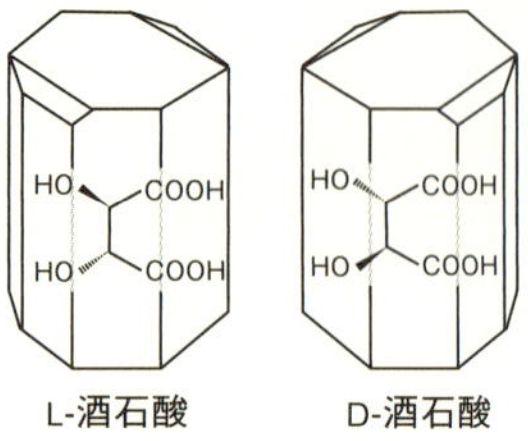

一方，1874年のファント・ホッフ（van't Hoff, J. H., 1852-1911）の「正四面体」説によれば，有機低分子の中心にあるC原子は他の原子・分子と結合するとき，これらの化学結合は正四面体の頂点に配置されることになる．

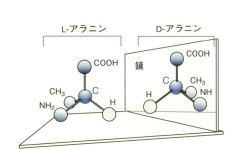

図1.4　L-酒石酸とD-酒石酸

図1.5　L-アラニンとD-アラニン

ファント・ホッフは，正四面体説により光学異性体の物理学的現象を説明できると提唱した．現在では，原子価結合法により正四面体に関する理論体系が構築されており，化学結合については「軌道」という言葉が用いられている．

生体内の有機低分子の1つであるアミノ酸を例にとると，グリシンを除いて，正四面体の中心に位置するC原子（α炭素とよばれている）は4つの異なる原子または原子団と結合している．図1.5にアラニンの棒球モデル（原子を球，軌道を棒で表したモデル）を示す．α炭素を中心として，アミノ基（-NH$_2$），カルボキシ基（-COOH），水素（-H），メチル基（-CH$_3$）は正四面体の頂点にある．この図に示すよう，L-アラニンの棒球モデルの横に鏡をおくと，映った像は，α炭素と -COOH の軌道を中心軸として回転させても，完全に重なり合うことはない．これらの2種類のアラニンは同じ化学的性質を有するが，構造的に鏡像関係にあり，中心のC原子は不斉炭素とよばれ，旋光性の異なる光学異性体としての特性を示す．

化学反応ではL型とD型は同じ量だけ生成するが，現在の地球上ではL-アミノ酸だけがタンパク質の材料として使われている．原始地球でL-アミノ酸がどのようにして優位になったかは不明であるが，生命誕生後，L-アミノ酸が細胞を構成するタンパク質の材料に取り入れられたと考えられている．

1.2.5 リボザイムと RNA ワールド

　生命の誕生を突き詰めて考えると，ニワトリが先か，タマゴが先か，のパラドックスに陥ってしまう。同様に，分子の世界でも，情報が先か，機能が先か，のパラドックスが存在する。タンパク質を合成するためには，アミノ酸配列の情報をもつ核酸が必要であるが，核酸の合成には，タンパク質である酵素が必要である。このパラドックスを解決する論理として，以前より，原始的なタンパク質合成では，RNA が重要な役割を果たしていたのではないかという考え方があった。実際，リボソームでは RNA が大きな割合を占めることに着目したクリック（Crick, F. H. C., 1916-2004）は，1968 年の時点ですでに，原始的なリボソームは RNA だけで構成されていたのではないかと考えていたようである。

　RNA が生命の誕生以前に大きな役割を果たしていたのではないか，というアイデアは，1982 年，チェック（Cech, T. R., 1947-）のリボザイムの発見によって，大きく肉付けされることになった。チェックは単細胞真核生物であるテトラヒメナの rRNA 遺伝子に含まれるイントロンのスプライシング機構を研究した過程で，rRNA 前駆体が，タンパク質成分やエネルギー分子が関与することなく，自己スプライシングされることを発見した。それまで，生体反応はタンパク質である酵素によって行われることが常識であったため，チェックはタンパク質が関与していないことを慎重に調べて報告し，この RNA 分子を ribonucleic acid（RNA）と enzyme（酵素）からリボザイムと命名した。チェックのいうリボザイムは，自身は変化しないという触媒の定義には当てはまらないので酵素とはよべないが，実際に RNA が触媒として働く事例も見つかった。

　アルトマン（Altman, S., 1939-）は，tRNA 前駆体から成熟した tRNA が生成される過程を調べ，tRNA の 5′ 側にある余分な配列を切断除去する酵素を発見し，リボヌクレアーゼ P と命名した。また，その酵素が RNA とタンパク質から構成されていることを見いだした。この研究には，志村令郎（Shimura, Y., 1932-）らが取得した，高温で培養すると tRNA が成熟しない大腸菌変異株が大きく貢献している。RNA 成分がリボヌクレアーゼ P の酵素活性に必要なことは確認されていたが，チェックの結果を受け，RNA 自身に触媒能力があるのではないかと調べたところ，高いマグネシウムイオン濃度の環境で，RNA 成分が切断反応を触媒することを確認した。この場合，この RNA 分子は正しい意味で酵素であり，RNA が触媒機能を担えることが示された。

　これらの報告を受け，1986 年，ギルバート（Gilbert, W., 1932-）は，生命誕生以前に，RNA が遺伝情報を保持しながら，自己複製する化学的に閉じた系が存在したのではないかと考えて，その系を RNA ワールドとよぶことを提唱した。そのうち，遺伝情報の保持は，RNA からより安定な DNA へ，触媒機能は RNA からより効率的なタンパク質へと引き継がれていったと考えた。

　その後，2000 年には，スタイツ（Steitz, T. A., 1940-）らが，リボソーム大サブユニットの X 線結晶構造を発表し，ペプチド合成反応を触媒する部分には RNA しか存在しないことを明らかにした。このことは，原始的なリボソーム

がRNAだけからできていたのではないかとするクリックの考えを支持するものである。

RNAワールドについては，自己複製するRNAが見つからないことや，そもそも触媒機能を担えるだけの高分子量のRNAが化学進化で合成されるのは難しいのではないかという批判もあり，実際に存在したかどうかは定かではない。しかし，現在でもNAD⁺やFADのようなヌクレオチド誘導体が補酵素として使われていることを考えると，生命誕生以前にRNAが重要な役割を担っていたのではないかと想像できる。

1.3　生命を構成する有機低分子の特徴

生命の基本単位である細胞に含まれる物質は，30%が炭素(C)を中心とした有機低分子で，炭素数は30個程度までの，分子量がおおよそ100から1,000の化合物である。有機低分子を構成する元素は炭素に加えて，原子番号の若い順に，水素(H)，窒素(N)，酸素(O)，リン(P)，イオウ(S)である。基本的な有機低分子としては，アミノ酸，糖質，核酸，脂質の4種類があり，脂質を除いて細胞質中に遊離の状態で存在している（表1.2）。

代謝経路により，有機低分子のあるものは縮合されてタンパク質，多糖，DNA鎖などの生体高分子を形づくり，一方，あるものは生理活性アミンなどの機能分子に生まれ変わったり，生命共通のエネルギーとしてのATPに変換されたりする。一般的に，1つの細胞には約1,000種類の有機低分子が存在しており，総重量としては細胞内の全有機物質の10分の1程度を占めている。

1.3.1　有機低分子と水

水分子は原子価結合法より正四面体の形は少し崩れるが，2つの頂点にある水素原子とそれぞれ共有結合しており，全体として104.5°折れ曲がった形をしている（図1.6）。酸素原子は水素原子に比べて電気陰性度が高く，共有結合（軌道）の電子の分布が不均等なため，極性をもつようになる。そのため，水分子を構成する水素原子と酸素原子はすべて水素結合に関与している。すなわち，水は「水素結合の塊」で，他の分子では起こりえない状態にある。常温で水分子は熱力学的な運動をしており，様々な大きさの集合体を形成しており，水クラスターとよばれている（図1.7）。

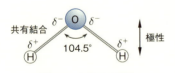

図1.6　水分子の極性

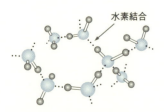

図1.7　水のクラスター

表1.2　生体有機低分子とその構成元素

物質名	構成物質
アミノ酸	CHONS
糖質	CHONS
核酸	CHONP
脂質	CHONP

1.3 生命を構成する有機低分子の特徴

アミノ酸，糖質，核酸などの有機低分子にはN, O, P, Sを含む官能基，アミノ基(-NH₂)，カルボキシ基(-COOH)，スルホニル基(-SH)，アルデヒド基(-CHO)，ヒドロキシ基(-OH)，リン酸基(-O-PO(OH)₂)などがあり，中性付近の液体ではイオン化するか極性をもっているので，水分子と水素結合をつくる。この性質を親水性といい，これらの官能基を含む有機低分子は，水素結合により水分子に囲まれ水和した状態になる。

一方，有機低分子には主として「炭化水素鎖」で構成されている脂質がある。炭素原子と水素原子の電気陰性度には差がほとんどないうえ，分子の対称性が極めて高いことから電気的な偏りがなく，非極性分子とよばれる。例えば，メタン分子(CH₄)は対称性が高く，非極性である（図1.8）。メタンの分子量は16で水（分子量18）と大差ないが，分子間に働く力が微かなため，沸点は-162℃で，水素結合によりクラスターを形成している水分子とは大きく異なる。

脂肪を構成する脂肪酸の「炭化水素鎖」も同様に炭素原子と水素原子からなり，水分子の極性にさらされるのを最小にしようとする力が働くようになる。この非極性分子間に作用する引力をファンデルワールス力といい，脂質類は水にほとんど溶けないので，疎水性物質とよばれている。

図1.8 非極性のメタン分子

1.3.2 生命を構成する有機低分子と光学異性体：L-アミノ酸とD-グルコース

原始地球で最初の生命が誕生した際，何らかの要因によりL-アミノ酸のみがタンパク質の材料として用いられたので，現在の地球上ではすべての生物は，この光学異性体をタンパク質の材料に利用している。L-アミノ酸はそのα炭素と共有結合している「側鎖」の性質により，6つのグループに分類される。

図1.9に示されるL-アミノ酸はその英語名称から3文字で略記されることが多く，タンパク質のアミノ酸配列を書くときは，1文字で表すことがある。3文字表記の中で「A」から始まるL-アミノ酸は4種類と最も多いため，アラニンはAで表されるが，アスパラギン酸はD，アスパラギンはN，アルギニンはRのアルファベットを用いる。いずれも，英語名称や発音から類推できるが，リジン(K)，グルタミン(Q)，トリプトファン(W)の3つは苦肉の策である。ちなみに，トリプトファンは側鎖の「double ring」に由来している。

20種類のL-アミノ酸のうち，アラニンを除く5種類の中性非極性アミノ酸とリジン，スレオニン，メチオニンはヒトでは生合成できない必須アミノ酸である。一方，乳幼児期ではアルギニンとヒスチジンの合成量は低く，10種類を摂取する必要がある。栄養学的には欠くことができず，これらのアミノ酸の頭文字をとり，「アメフリヒトイロバス」と語呂合わせすることがある。

側鎖に環状構造を有するL-アミノ酸のうち，ヒスチジン，チロシン，トリプトファンの3種類は生理活性アミン類の出発物質としても知られている。それぞれ代謝により，ヒスタミン，カテコールアミン（ドーパミン，ノルアドレナリン，アドレナリン），セロトニンに変換され，ホルモン（11章参照）や神経伝達物質（12章参照）として利用されている（図1.10）。

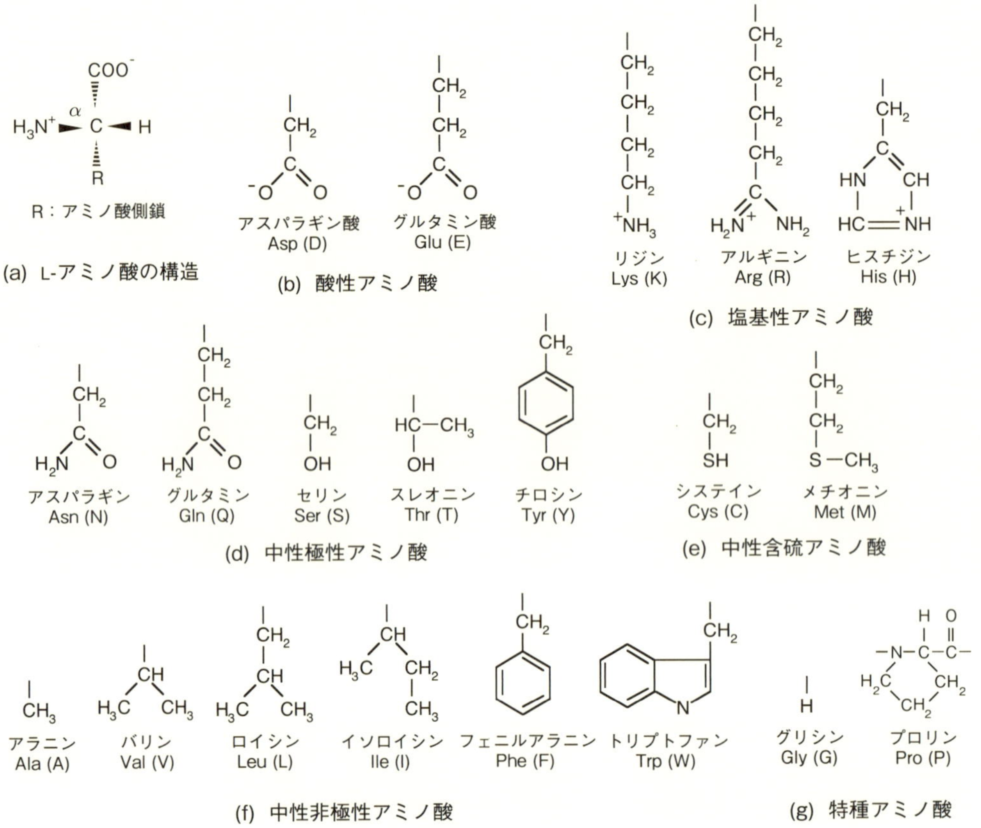

(a) L-アミノ酸の構造
R：アミノ酸側鎖

(b) 酸性アミノ酸
アスパラギン酸 Asp (D)　グルタミン酸 Glu (E)

(c) 塩基性アミノ酸
リジン Lys (K)　アルギニン Arg (R)　ヒスチジン His (H)

(d) 中性極性アミノ酸
アスパラギン Asn (N)　グルタミン Gln (Q)　セリン Ser (S)　スレオニン Thr (T)　チロシン Tyr (Y)

(e) 中性含硫アミノ酸
システイン Cys (C)　メチオニン Met (M)

(f) 中性非極性アミノ酸
アラニン Ala (A)　バリン Val (V)　ロイシン Leu (L)　イソロイシン Ile (I)　フェニルアラニン Phe (F)　トリプトファン Trp (W)

(g) 特種アミノ酸
グリシン Gly (G)　プロリン Pro (P)

図 1.9　L-アミノ酸の基本構造と 20 種類のアミノ酸側鎖の特性

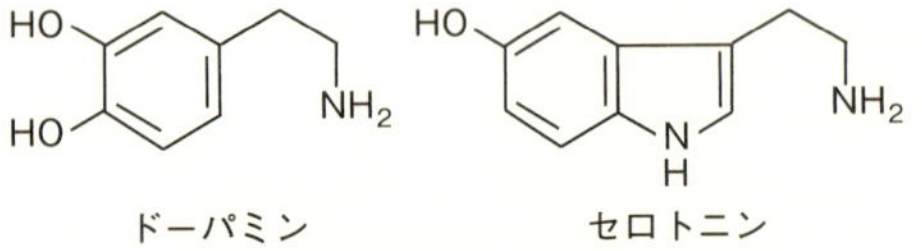

ドーパミン　セロトニン

図 1.10　生理活性アミン

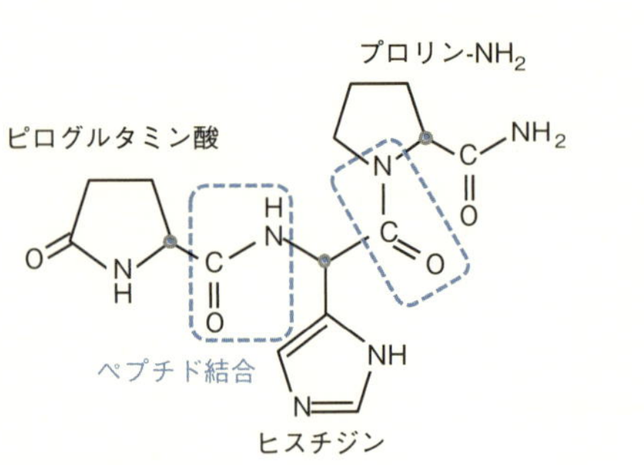

ピログルタミン酸　プロリン-NH₂
ペプチド結合
ヒスチジン

図 1.11　甲状腺刺激ホルモン放出ホルモンの構造

　生物を形づくるタンパク質はすべて 20 種類の L-アミノ酸により構成されている。分子量が 1 万以下のタンパク質はペプチドとよばれているが，いずれも 1 つのアミノ酸のカルボキシ基ともう 1 つのアミノ酸のアミノ基との間でペプチド結合により縮合している（3 章 図 3.4 参照）。数学的には，短いペプチドでも L-アミノ酸 n 個からなれば，20^n 種類存在する可能性がある。「ノーベル賞の決闘」という本で取り上げられている甲状腺刺激ホルモン放出ホルモン（11 章，2.5 節参照）は，3 種類の L-アミノ酸（ピログルタミン酸・ヒスチジン・プロリン-NH₂）で構成されている（図 1.11）。この場合，単純に考えても，生理活性のあるアミノ酸配列は 1/8,000 の確率となる。

　地球上の生物に利用されている糖質には D 型のものが多い。例えば，D-グルコースは生体中の糖質を代表する単糖で，生命共通のエネルギー源としても利用され

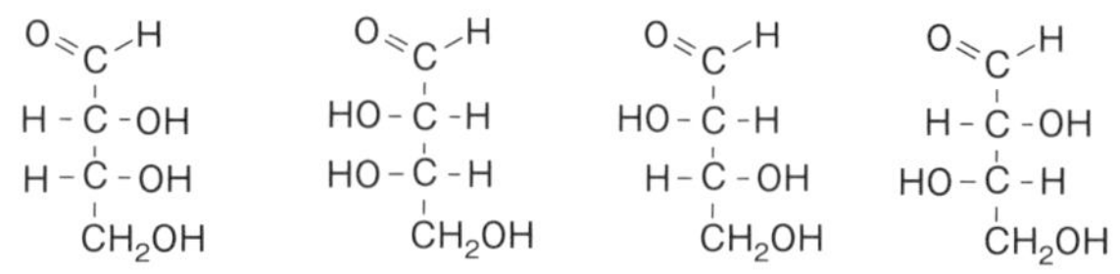

1.3 生命を構成する有機低分子の特徴

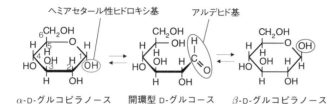

図 1.12　アルデヒド基を有する4種類の四炭糖

図 1.13　D-グルコースの開環型構造と閉環型構造

ている。一般に，単糖類はアルデヒド基かケト基を含む還元性を示す有機低分子で，それぞれ，アルドース，ケトースとよばれ，分子内に多くのヒドロキシ基を含む。また，その炭素骨格が長くなるにつれて不斉炭素の数は増え，立体異性体の種類も多くなる。光学活性にかかわる不斉炭素は還元性の官能基から最も離れた炭素で，炭素骨格のC原子に加え，-H，-OH，-CH₂OHと共有結合している。例えば，炭素数4の四炭糖には不斉炭素が2つあり，4種類の立体異性体が存在する（図1.12）。

一方，五炭糖以上では糖分子は閉環して，酸素原子を含む環状構造を形成する。六炭糖の代表であるD-グルコースは，水溶液中で開環型と閉環型の構造を取りうる（図1.13）。閉環してできたピラン環に対し，ヘミアセタール性ヒドロキシ基が面の下になる場合（α）と上になる場合（β）とがある。

ヘミアセタール性ヒドロキシ基は単糖どうしの共有結合に必ず関与し，糖鎖形成に重要な役割を果たしている。1つの単糖が他の単糖と縮合すると，α-グリコシド結合やβ-グリコシド結合により二糖類が形成される。例えば，乳糖はD-ガラクトースとD-グルコースから，ショ糖はD-グルコースとD-フルクトースからなる。ショ糖の場合，2つの単糖はヘミアセタール性ヒドロキシ基どうしで縮合するので開環構造はできず，非還元糖として調理などに使われる（図1.14）。

一方，多くのD-グルコースがα-グリコシド結合により縮合したものはデンプンで，β-グリコシド結合により縮合したものはセルロースである。この2つの生体高分子はD-グルコースのみで構成されるが，その特性は大きく異なる（3章，3.5節参照）。

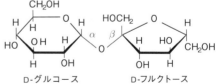

図 1.14　非還元糖であるショ糖

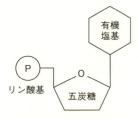

図1.15 核酸の基本構造

1.3.3 核酸：4種類の有機塩基と遺伝暗号

地球上のあらゆる生物で，核酸（ヌクレオチド）は世代を超えて子孫に伝わる遺伝情報に関与している。その元となるのは4種類の有機塩基（窒素原子を含む有機低分子）で，各々が五炭糖とリン酸基で構成されるらせん状の糖リン酸骨格から突き出るような形で結合している（図1.15）。

ヌクレオチドには大きく分けて2種類あり，その構成要素の1つである五炭糖の種類によりデオキシリボ核酸（DNA）とリボ核酸（RNA）に大別される。

DNAでは五炭糖の一種である D-デオキシリボース（deoxyribose）の C_1 炭素原子に，4種類の有機塩基，アデニン（A），グアニン（G），シトシン（C）あるいはチミン（T）のいずれかが結合している。一方，RNAでは D-リボース（ribose）が五炭糖として，チミンの代わりにウラシル（U）が有機塩基成分として含まれている（図1.16）。

1940年後半，シャルガフ（Chargaff, E., 1905-2002）は，遺伝子DNA鎖に存在するAとTの数と，GとCの数が同じであることを発見した。すなわち，生物の遺伝子における有機塩基の量比がA/T＝1, G/C＝1であるという「塩基存在比の法則」である。後年，ワトソン（Watson, J. D., 1928-）とクリックが「二重らせんモデル」を構築するうえでの相補的塩基対のアイデアに繋がった（図1.17）。

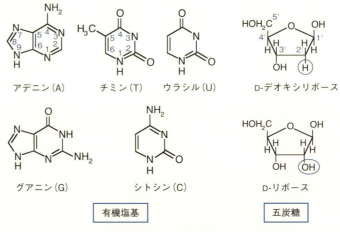

図1.16 核酸を構成する有機塩基と五炭糖の構造

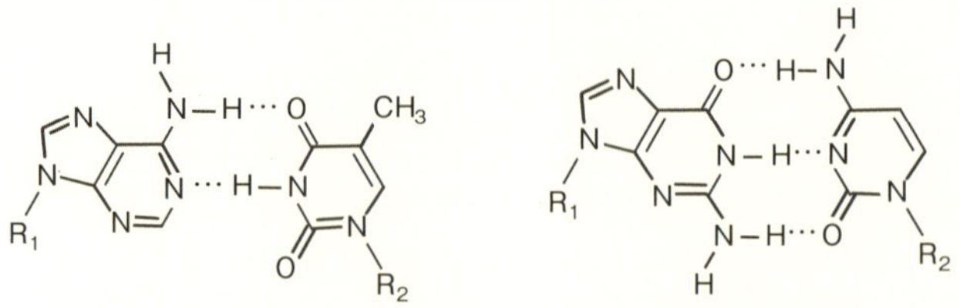

図1.17 ATペア（左）とGCペア（右）の相補的塩基対

1.3 生命を構成する有機低分子の特徴

核酸には2つ環状構造が存在し，それらを構成する炭素の番号は有機塩基のものが優先されている（図1.16）。したがって，DNA鎖の糖リン酸骨格では，デオキシリボースの3′位のヒドロキシ基と次のヌクレオチドの5′位のリン酸基とがリン酸エステル結合により縮合していると表記する（図1.18）。

1.3.4 生体膜とリン脂質

生体膜を構成する基本的な成分はリン脂質という有機低分子で，水に親和性のあるリン酸基やコリンなどの極性分子，並びに，水に溶けない非極性の脂肪酸由来の炭化水素鎖とからなる両親媒性物質である（図1.19）。

そのため，水溶液中では面対称のリン脂質二重層を自己組織化することができる。細胞膜は疎水的相互作用が安定な会合体を形成している例の1つである。細胞膜は厚さ8nm程度の非常に薄い膜であるため，光学顕微鏡では見ることができず，電子顕微鏡の発明により，初めてリン脂質二重層の構造が観察された（2章，2.2.4項参照）。

細胞膜のリン脂質を構成する脂肪酸には2つの特徴がある。1つはカルボキシ基の炭素原子を含めて，脂肪酸を構成する炭素数は偶数（16から24）であること，もう1つは脂肪酸にある炭素原子間の二重結合（不飽和結合という）はすべて「シス型」の立体構造をとることである（図1.20）。脂肪酸の炭素数が偶数であるのは，アセチルCoAとよばれる有機低分子が材料となり，炭素数が2のアセチル基を単位として生合成されていくためである（図1.21）。また，リン脂質に含まれる脂肪酸の不飽和結合がすべてシス型であるので，飽和脂肪酸と比べて分子の容量（分子容という）は大きくなり，リン脂質二重層の流動性が増す。極地に生息する動物は赤道下の動物に比べ，低温に対応するため，細胞膜のリン脂質における不飽和脂肪酸の比率は増加している。

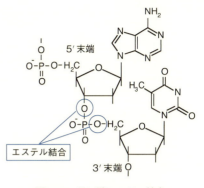

図1.18 リン酸エステル結合

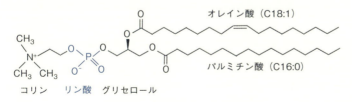

図1.19 リン脂質レシチンの構造

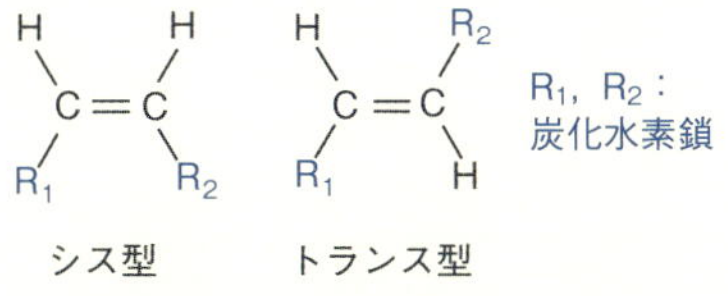

図1.20 シス型とトランス型

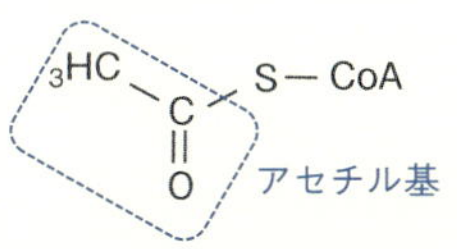

図1.21 アセチルCoA

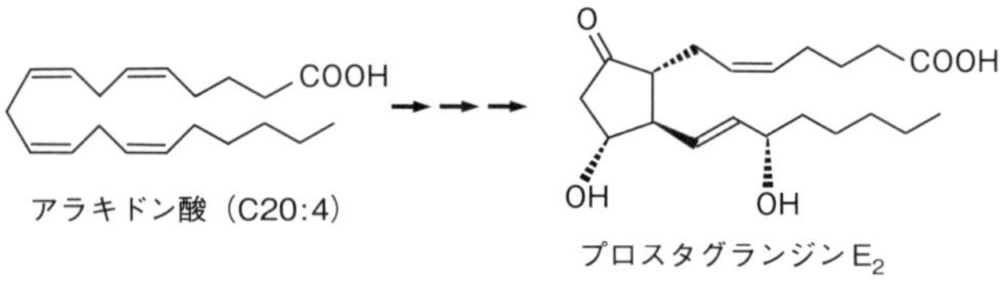

アラキドン酸（C20:4）　　　　　　　　プロスタグランジン E₂

図 1.22　局所ホルモンとしてのプロスタグランジン E₂

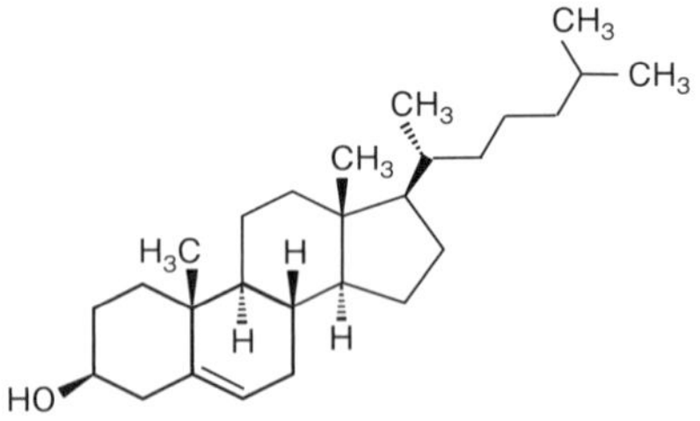

図 1.23　コレステロールの分子構造

　リン脂質を構成する不飽和脂肪酸には炭素数 20，不飽和数 4 のアラキドン酸があり，細胞への刺激により遊離され，プロスタグランジンやロイコトリエンなどの生理活性物質へと代謝される。例えば，プロスタグランジン E₂ は精囊腺や肺にて分泌される血流を介さない局所ホルモンである（図 1.22）。

　一方，生体膜に含まれる脂質としてはリン脂質と双璧をなすコレステロールがあり，膜の安定化に寄与している。四員環のステロイド骨格と炭化水素鎖は疎水性で，親水性のヒドロキシ基を含むため，コレステロールは両親媒性の有機低分子である（図 1.23）。また，性ホルモン，副腎皮質ホルモンなどのステロイドホルモンの生合成に必要とされている。

1.4　生命の誕生からヒトまでの進化の道筋

　約 46 億年前に地球が誕生し，その 6〜8 億年後に原始生命が現れた。さらに，長い年月を掛けて原核細胞から真核細胞へ，そして，多細胞生物へと進化を続けた。多細胞生物の出現には地球大気中の酸素濃度がかかわっている可能性がある。最古のストロマトライトの化石はグリーンランドにある約 37 億年の地層から見つかっており，シアノバクテリアの祖先である原始的な光合成細菌が酸素を放出しだしたと考えらえている［*Nature*, 537:535-538（2016）］。約 27 億年前に磁気圏が形成され，太陽風として地球まで届いていた放射線（おもに陽子や電子）が遮られ，海面近くに酸素発生型光合成生物が増殖できるようになった。赤鉄鉱を含む地層ができだしたのもこの頃からである。23〜20 億年前に大気中の酸素濃度は現在の 1/100 程度まで上昇し，約 21 億年前には原始的な真核生物が出現した。その後，しばらく同じ大気の状態が続き，全球凍結後の約 6 億年前に酸素濃度は急上昇して約 20% に達したと推定されている。堆積岩の化石から，多細胞生物は約 10 億年前に誕生したが，酸素濃度の上昇

1.4 生命の誕生からヒトまでの進化の道筋 13

表 1.3 ヒトの進化の歴史

約 450 万年前	チンパンジーとヒトの種の分岐
約 440 万年前	二足歩行のラミドゥス猿人の出現
約 250 万年前	石器をつくるガルヒ猿人の出現
約 240 万年前	ホモ属の出現と顎の筋肉の劣化(腐肉食の行動)
約 150 万年前	火を使用したホモ・エレクトスの出現
約 19.5 万年前	現人類であるホモ・サピエンス・サピエンスの出現
7〜5 万年前	狩り道具の洗練化(言語による文化の伝承)

が約 5 億 5 千年前の「カンブリア紀爆発」を引き起こし,それまで数十種しかいなかった生物が数万種まで増加したらしい。

古生代に入り,約 5 億 3,000 万年前のカンブリア紀中期に,脊索動物門のピカイアが生まれ,骨に覆われた中枢神経系をもつ脊椎動物へと進化した。脊椎動物が陸地に上陸したのは約 3 億 7,500 年前のデボン紀後期である。恐竜が栄えた中生代(約 2 億 5,000 万年前〜6,500 万年前)の三畳紀後期,約 2 億 2,500 万年前に最古の哺乳類とされる夜行性のアデロバシレウスが生息していたと推定されている。そして,約 6,500 万年前の白亜紀末に,地球への隕石衝突による大絶滅により,哺乳類と鳥類が繁栄する新生代に移行した。約 3,400 万年前から始まる漸新世に,類人猿の祖先が出現し,2,800 万年前〜2,400 万年前にかけてオナガザル上科からヒト上科(テナガザル,オランウータン,チンパンジー,ゴリラ,ヒト)が分岐した。ゲノム DNA の解析から,チンパンジーとヒトの祖先は約 450 万年前に分岐し,猿人,原人を経て,現生人類(ホモ・サピエンス)に至っている(表 1.3)。地球誕生から現在までを 1 年としてカレンダーをつくると,現生人類の亜種であるホモ・サピエンス・サピエンスは大晦日に 80 回目の除夜の鐘が鳴る頃(23 時 38 分頃)に出現したことになる。

演習問題:エイリアンは地球上の生命を捕食できるかどうか,光学異性体の観点に立ち,簡潔に考えをまとめなさい。

コラム

人工彗星と RNA

2016 年 4 月にフランスの研究チームが「人工の彗星」を実験室で再現し,リボースを含むいくつかの糖が生成されることを発表した。−200℃,真空の条件下で,水とメタンを彗星のダスト粒子を混合して紫外線照射し,次に,太陽に接近した状況に似せて,温度を高めた。最新の分析機器で解析したところ,D-リボースが生成されることを確認した。以前から,核酸の構成要素であるアデニンやグアニンなどは宇宙空間で見つかっており,少なくとも太陽系の惑星形成時には,生命誕生に必要とされる RNA 分子が彗星内に存在していたと推論している。実際に彗星でRNA の存在が確認されれば,宇宙のどこにでも生命が存在する可能性がでてくる。

---

2 顕微鏡が明らかにした細胞のすがた

2.1 はじめに

「生きている」というのはどういうことなのか？　生命とは何か？　この単純かつ重要な質問に未だ生物学者は答えられずにいる。しかし，生きていることの特徴はいくつかあげることができる。自己増殖能をもつこと，物質代謝能をもつこと…最も大きな特徴は膜によって外界と区別された内側の世界，「細胞」からできているということである。ヒトは約270種類，約37兆個にも及ぶ細胞から成り立っている。方や，大腸菌，酵母などの微生物は1つの細胞で，私たちの細胞とそれほど変わらない物質代謝を行いながら生育している。

〈オートファジーの仕組みの発見〉　ノーベル生理学・医学賞 (2016)
大隅良典 (Ohsumi, Y., 1945-)

2016年，東京工業大学栄誉教授の大隅良典は「オートファジー」の仕組みを解明したことでノーベル生理学・医学賞を受賞した。「オート」とは「自己」ファジーとは「食べる」という意味で，その名の通り，自分で自分を食べる機構である。細胞内で古くなったタンパク質あるいは細胞内小器官などを膜が取り囲みオートファゴソームを形成する。オートファゴソームは液胞やリソソームと融合してその内容物が分解され，再利用されるという見事な機構である。大隅は酵母では光学顕微鏡で唯一観察可能な液胞に興味をもち，長年にわたり顕微鏡観察を中心にした研究を進めてオートファジーの機構を解明したのである。

「あまり競争は好きではありません。人がやってないことをやることが実はとっても楽しいのだということがサイエンスのある意味本質だと思っています。」（大隅）

Keyword

セル，細胞，細胞説，単細胞生物，多細胞生物，細胞核，ミトコンドリア，電子顕微鏡，単位膜，流動モザイクモデル，緑色蛍光タンパク質 (GFP)，原核細胞，真核細胞，細胞質 (サイトゾル)，リン脂質二重層，チャネル，トランスポーター，受動輸送，能動輸送，生体膜，細胞内小器官 (オルガネラ)，クリステ，マトリックス，膜間腔，電子伝達系，アデノシン5′-三リン酸 (ATP)，小胞体，ゴルジ体，リボソーム，粗面小胞体，滑面小胞体，フォールディング，小胞 (被覆小胞)，エクソサイトーシス，小胞輸送，リソソーム，エンドサイトーシス，エンドソーム，ファゴサイトーシス，オートファゴソーム，オートファジー，ペルオキシソーム，カタラーゼ，メタノール酵母，葉緑体，液胞，細胞壁，細胞骨格，微小管，紡錘体，核様体，真核生物，原核生物，ペプチドグリカン，古細菌 (アーキア)，真正細菌，細胞内共生

2.2 細胞にかかわる科学史　　　　　　　　　　　　　　　　　　　　　　　　15

それらの細胞の普遍性と特殊性は何か。常にそれを頭においておくと生物学が
より面白くなる。まずは普遍性に目を向けてみよう。
　本章では，生物の基本単位である細胞の構造と細胞内小器官の役割について
概説する。細胞内小器官の役割分担は非常に効率的である。

2.2　細胞にかかわる科学史

　生物は細胞からできている…現在では当たり前のことである。しかし，細胞
は肉眼で見るには小さすぎる。ダチョウの卵が細胞の中で最大でこれは十分目
で見えるとよく言われるが，これはダチョウが発生，成長する前段階の栄養を
豊富に含んだ卵黄であるので，卵細胞はやはり肉眼で見るのは難しい。単独で
生育できる細胞で一番小さなものはマイコプラズマ（0.1μm ほど）と言われて
いる（図 2.1）。

2.2.1　光学顕微鏡の発明と細胞の発見

　表 2.1 に示すように，17 世紀に光学顕微鏡が発明されたことが細胞の発見に
繋がった。イギリスの科学アカデミー王立協会学芸員のフック（Hooke, R.,
1635-1703）はコルクがたくさんの小部屋からできていることを発見し，この
小部屋をセル（cell）と名づけてロンドンの王立協会で発表した。フックのセル
を細胞と訳したのは本草学者の宇田川榕庵である。フックが観察したのはコル
クという死んだ植物の細胞であったが，一方で，同年代のオランダ商人レーウ

表 2.1　細胞に関連する科学史

西暦	科学者	史実
1665	ロバート・フック	コルクの観察（死んだ細胞），セルと命名
1674	アントニ・ファン・レーウェンフック	微生物（生きた細胞）の発見
1838	マティアス・J・シュライデン	「植物は細胞の集まりである」と提唱
1839	テオドール・シュワン	「動物も細胞の集まりである」と提唱
1855	ルドルフ・ルートヴィヒ・カール・ウィルヒョウ	「すべての細胞は細胞から生まれる」と提唱
1897	カール・ベンダ	細胞中の糸状器官をミトコンドリアと命名
1898	カミッロ・ゴルジ	初めてゴルジ体を観察
1931	エルンスト・ルスカ	電子顕微鏡の発明
1957	ジョン・D・ロバートソン	電子顕微鏡で細胞膜の三層構造を発見し，単位膜と命名
1962	下村 脩	緑色蛍光タンパク質（GFP）の発見
1972	シーモア・J・シンガーガース・L・ニコルソン	生体膜の流動モザイクモデルを提唱
1994	マーティン・チャルフィー	GFP を細胞内タンパク質のマーカーに応用

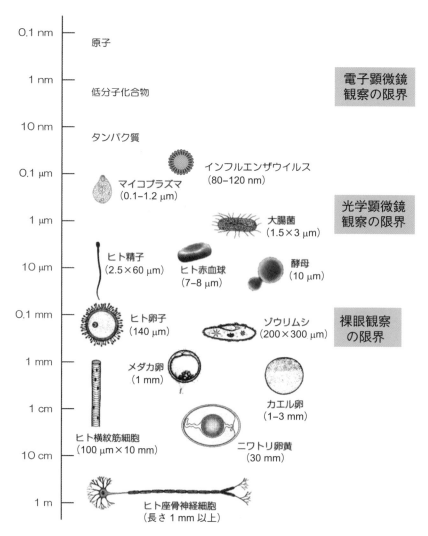

図 2.1 原子から神経細胞までの大きさの比較

ェンフック（van Leeuwenhoek, A., 1632-1723）は自作の顕微鏡を用いて生きている細胞の観察に成功し，池から採取した液滴の中を泳ぎ回る微生物の存在を明らかにした．フックは「弾性の法則」を発見した著名な科学者であり，現代の光学顕微鏡の形によく似た顕微鏡を独自に製作したが，その倍率はせいぜい数十倍だった．一方，レンズ好きなアマチュア科学者であったレーウェンフックのものは単レンズで顕微鏡なのかと疑うようなものであったが，レンズの精度がよく倍率は 200 倍ほどあった（図 2.2）．カメラの原型であるカメラ・オブスキュラのレンズの製作にもかかわったのではないかという説もある．同じ年同じ町で生まれた画家，フェルメール（Vermeer, J., 1632-1675）がこれを利用して，巧みに光を表現したと言われている．

2.2 細胞にかかわる科学史

フックの顕微鏡　　レーエンフックの顕微鏡　　レーエンフックがモデルといわれる
フェルメールの絵

図 2.2　細胞の発見に使われた 2 台の顕微鏡

2.2.2　ドイツの 3 学者による細胞説の提唱

ドイツの植物学者シュライデン (Schleiden, M. J., 1804-1881) と動物学者のシュワン (Schwann, T., 1810-1882) は，相次いで，高等生物である植物や動物も多数の細胞の集まりであるという細胞説を提唱した。一方，1855 年には病理学者ウィルヒョー (Virchow, R. L. K., 1821-1902) は，ウニの受精卵の細胞分裂の観察に基づき，「すべての細胞は細胞から (All cells come from cells)」と唱え，細胞説の発展に寄与した。1 つの細胞からなる生物を単細胞生物，動物や植物のように様々な種類の多数の細胞からなる生物を多細胞生物という。

2.2.3　細胞内小器官の発見

細胞核は，19 世紀初頭の 1802 年に，植物画家のバウアー (Bauer, F. A., 1758-1840) により発見されたとされている。バウアーはイギリス王室の絵画の教師を務め，顕微鏡で植物の微細な構造を描いていたことが知られている。それから長い年月が経ち，19 世紀末の 1898 年，ドイツの細胞学者ベンダ (Benda, C., 1857-1932) は顕微鏡で細胞を観察中に糸状の「器官」を発見し，ギリシャ語の mitos (糸) と chondrion (粒) を合わせて，ミトコンドリアと命名した。1900 年には，ドイツの生化学者ミカエリス (Michaelis, L., 1875-1949) はヤヌスグリーンで細胞を染色するとミトコンドリアが青緑に染まり，細胞膜を通して顕微鏡で観察できることを発見した。細胞をホルムアルデヒドなどで固定せず染色する方法は「超生体染色」とよばれている。一方，イタリアの神経学者ゴルジ (Golgi, C., 1843-1926) は銀を用いた神経細胞の染色法を用いて，細胞の中に入り組んだ奇妙な形の「器官」を発見し，1898 年に発表した。しかし，電子顕微鏡の発明までゴルジ体の存在は 50 年以上も認められなかった。

2.2.4　電子顕微鏡の発明と細胞膜の二重膜構造の観察

1931 年，ロシア系アメリカ人の科学者ツヴォルキン (Zworykin, V. K., 1889-1982) により電子顕微鏡が発明され，細胞に関する新たな知見が多数得られる

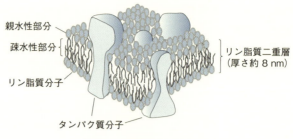
図 2.3 流動モザイクモデル

ようになった。電子は粒子としての性質と波動としての性質を合わせもっており，電子線の波長は 0.005 nm 前後なので，最適条件下では 0.1 nm 程度の分解能を有している。当時，それまで捉えることのできなかった 25〜300 nm の大きさのウイルスの存在を目に見える形で明らかにし，医学会に大きな貢献をした。

アメリカの解剖学者で当時の電子顕微鏡観察の第一人者ロバートソン (Robertson, J. D., 1923-1995) は酸化オスミウムで染色した細胞を用いて，想定されていた細胞の境界膜を電子顕微鏡で初めて可視化した。ロバートソンは細胞膜の電顕写真 [*J. Physiol. Lond.*, 140:58-59 (1957)] より，その断面が「暗−明−暗」の 3 層からなることを見いだし，三層構造モデルを提案して単位膜と命名した。その後，フリーズ・フラクチャー法による走査型電子顕微鏡写真やセンダイウイルスを用いた細胞融合の実験結果などから，リン脂質二重層は少なからず流動性（粘性）を有するという流動モザイクモデルが，1972 年，アメリカの細胞生物学者，シンガー (Singer, S. J., 1924-2017) と生化学者，ニコルソン (Nicolson, G. L., 1943-) により考案された [*Science*, 175:720-731 (1972)]（図 2.3）。

2.2.5 緑色蛍光タンパク質の発見とその応用

1962 年，下村脩 (Shimomura, O., 1928-) はオワンクラゲ (*Aequorea victoria*) から緑色蛍光タンパク質 (green fluorescent protein: GFP) をイクオリンとともに精製した。30 年後に GFP 遺伝子がクローニングされ，1994 年，アメリカの化学者チャルフィー (Chalfie, M., 1947-) は線虫の神経細胞への GPF 遺伝子を導入し，緑色に光らせることに成功した。その後，GFP は生命科学における細胞解析用の重要な道具となった。2008 年，この 2 人は GFP をもとに様々な色の蛍光タンパク質を開発したアメリカの生化学者チェン (Tsien, R. Y., 1952-2016) とともに，ノーベル化学賞を受賞した。

2.3 細胞と細胞内小器官

図 2.4 に動物細胞の模式図を示した。この図をもとに以下 1 つ 1 つみていくことにする。原核細胞と真核細胞の違い（核，細胞内小器官の有無），動物細

2.3 細胞と細胞内小器官

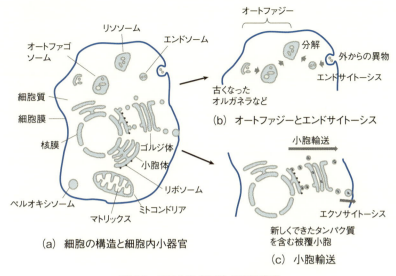

図 2.4 真核生物（動物）の細胞構造

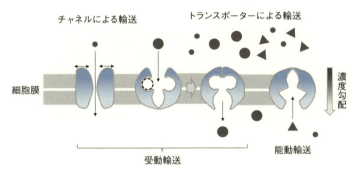

図 2.5 チャネルとトランスポーターによる物質輸送

胞と植物細胞の違い（細胞壁，液胞の有無）に気をつけたい。

2.3.1 細 胞 膜

1つ1つの細胞は細胞膜で内と外が仕切られている。細胞膜で囲まれた内部を **細胞質**（サイトゾル）といい，生命活動に必要な様々な化学反応が行われている。細胞膜は両親媒性のリン脂質からできており，リン脂質の親水性部分を外側に，疎水性部分内側にし，2つのリン脂質が向かい合って二層構造を形成している（リン脂質二重層）（図 2.3）。この構造のため，酸素や二酸化炭素などの気体や疎水性分子は細胞膜を通過することができるが，水や水に溶けている物質，イオンは容易に細胞膜を通過することができない。これらが細胞膜を通過するためには細胞膜に埋め込まれた **チャネル** や **トランスポーター** などのタンパク質が関与する（図 2.5）。

チャネルはタンパク質分子が開閉することによっておもにイオンなどの小分

子の輸送に関与する。トランスポーターは輸送される分子が結合する部位があり，分子を結合した状態で構造を変化させることにより細胞膜内外へその分子を輸送する。この際，例えば細胞外の分子の濃度が高い場合，チャネルやトランスポーターによって細胞内に輸送されるのは簡単である。これを受動輸送という。トランスポーターの一部はこの細胞膜内外の分子の濃度勾配に逆らって輸送することができる。これを能動輸送といい，エネルギーが必要となる。細胞内小器官も同様の膜で囲まれており，チャネルやトランスポーターが物質輸送にかかわっている。このような膜を総称して生体膜という。

2.3.2 細胞内小器官

真核細胞の細胞質中には生体膜に囲まれた細胞内小器官（オルガネラ，organelle，複 organella）とよばれるものが多数存在する。オルガネラは細胞の中の細胞と言ってもいい位の重要な役割を果たす。光学顕微鏡で観察できるオルガネラは限られているが，特殊な染色方法や，オルガネラに特異的なタンパク質を GFP と融合させることにより，蛍光顕微鏡を使って生きている細胞のオルガネラを個別に観察できる。これらの方法により細胞生物学は目まぐるしい進歩を遂げた。さらに，電子顕微鏡を使えばオルガネラの微細な構造を観察することができる。

(1) 細胞核

細胞核（cell nucleus）は文字通り最も重要なオルガネラであり，2枚の同心円状の生体膜によって囲まれている。中には生物の遺伝情報を暗号化しているゲノム（DNA）が入っている。核膜が2枚である理由は，細胞膜が入り組んでDNA を取り囲んだことによるものだと考えられている。核膜には多数の核膜孔とよばれる穴が開いており，核膜孔を通じて DNA の遺伝暗号を受け継いだメッセンジャー RNA（mRNA）が核の外へ出ていく。また，転写調節因子も細胞質で合成された後，核膜孔を通じて核内に入り，DNA の必要な領域に結合する。DNA の構造については3章，mRNA への転写については4章で学ぶ。

(2) ミトコンドリア

ミトコンドリア（mitochondrion，複 mitochondria）は，ラグビーボール状のオルガネラで，内膜と外膜の二重膜で構成されている。内膜は内部に向かってヒダ状なっており，このヒダの突起部分をクリステ，一番内側の部分をマトリックス，外膜と内膜の間を膜間腔とよぶ。内膜には電子伝達系という膜タンパク質の複合体があり，生物のエネルギー通貨であるアデノシン $5'$-三リン酸（ATP）がつくられる（7章参照）。二重膜であることに加え，独自の DNA をもつこと，分裂で増えることは元々は1つの細胞であったことに由来していると考えられている（2.5節の細胞内共生説を参照）。

(3) 小胞体，ゴルジ体

小胞体（endoplasmic reticulum）は核を取り囲む迷路のような袋状の構造をしており，ゴルジ体（Golgi body）は同じような袋状の構造のものが平たく，重なった構造をとっている。小胞体とゴルジ体は連携して新しくできたタンパク

2.3 細胞と細胞内小器官

質を成形し，細胞の外に送り出す仕事をしている。小胞体にはタンパク質合成の場であるリボソーム（4 章参照）が細胞質側に多数付着した粗面小胞体と，リボソームが付着していない滑面小胞体がある。リボソームで合成が開始された膜タンパク質や分泌タンパク質は直ちに小胞体内に入り，正しく折り畳められ（フォールディング），糖鎖の修飾を受ける。このようにして，ほぼ完成したタンパク質は粗面小胞体から芽がでるようにして形成された小胞（被覆小胞）の中に入れられ，小胞体から離れる。小胞はゴルジ体へと運ばれ，ゴルジ体膜と融合することにより中に入っていたタンパク質がゴルジ体内へ運ばれる。タンパク質はゴルジ体間を出芽，融合を繰り返して通過することにより，さらに糖鎖の修飾を受け，機能をもつように完成する。最終的にゴルジ体から出芽した小胞は細胞膜や他のオルガネラと融合し，タンパク質が細胞の外へ分泌されたり（エクソサイトーシス），目的とするオルガネラに運ばれたりする。このような，小胞によって起こるオルガネラ間の輸送を小胞輸送という（図 2.4 (c)）。

(4) リソソーム

リソソーム（lysosome）の lyso とは分解（lysis）という意味を含み，タンパク質，糖質，脂質，核酸など様々な物質を加水分解する酵素を含む。これらの酵素の働きにより，異物を分解したり，古くなった高分子を再生したりするために低分子化する。

細胞膜が内部にくびれて細胞外の物質を取り囲み，小胞となって細胞質内に入ることがある。これをエンドサイトーシスといい，この小胞をエンドソームとよぶ（図 2.4 (b)）。エンドソームはリソソームと融合し，細胞外からの異物はリソソーム内の酵素で消化される。特に大きな細胞などを取り込むことをファゴサイトーシスという（白血球の貪食作用など）。細胞質中で古くなったタンパク質はオルガネラの再生にもリソソームが関与する。まず，細胞内に隔離膜という平たい膜が出現し，古くなったタンパク質やミトコンドリア，ペルオキシソームなどのオルガネラを細胞質丸ごと取り囲まれる。こうしてできた二重膜構造をオートファゴソームという。このオートファゴソームがリソソームと融合し，古くなったものを分解し使える部品を再利用しようという機構がオートファジーである。オートファジーの現象自体は 1950 年代に電子顕微鏡を用いて観察されていたが，1993 年に大隅がオートファジーの原因遺伝子を突き止め，全容がほぼ明らかにされた（ノーベル賞の囲み参照）。

(5) ペルオキシソーム

生体内では脂肪酸，アミノ酸代謝などで有毒な過酸化水素（hydrogen peroxide）が反応副産物として生成する。この過酸化水素を分解する酵素カタラーゼを含むオルガネラである。つまり，ペルオキシソーム（peroxisome）内に過酸化水素を生成する酸化酵素（群）とともにカタラーゼを共存させることにより，有毒な過酸化水素を速やかに分解できるわけである。メタノールを食べることができる酵母（メタノール酵母）を，これを炭素源として培養すると，細胞内がペルオキシソームで充満された状態になることが知られている（図 2.6）。

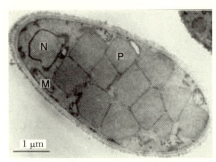

N：核，M：ミトコンドリア，
P：ペルオキシソーム

図 2.6 メタノール酵母の電子顕微鏡写真

(6) その他のオルガネラ

植物細胞に特徴的なオルガネラとしては，葉緑体（chloroplast）と液胞（vacuole）がある。葉緑体は二重膜（チラコイド膜を入れると三重膜）構造であり，独自のDNAをもつことはミトコンドリアとよく似ている。光合成を行うオルガネラであるが詳しくは6章で学ぶ。液胞は植物以外にも酵母，カビなど菌類の細胞にも存在し，動物細胞のリソソームとよく似た働きをする。植物や菌類の細胞においてはオートファゴソームは液胞と融合する。大隅良典は酵母を用いてオートファジーの機構を明らかにした。また，植物の葉緑体のオートファジー（クロロファジー）は効率のよい光合成を維持するうえで重要である。植物の液胞は上記のような働き以外に，イオンや有機酸，糖類などの貯蔵場所ともなる。アサガオなどの赤，青，紫系の花の色は液胞に含まれるアントシアンの色に由来する。アントシアンの色はpHによって変化し，例えばアサガオの花の色が時間によって異なるのは液胞内のpHが変化するからである。

オルガネラではないが，動物以外の真核細胞は細胞膜の外側に細胞壁という頑丈な構造をもつ。細胞壁の主成分は糖質であり，植物ではおもにセルロース，酵母ではおもにキチン，マンナンからなっている。

2.3.3 細胞骨格

一般に，真核細胞の細胞内には3種類の細胞骨格があり，微小管（20〜24 nm），中間径フィラメント（8〜10 nm），ミクロフィラメント（5〜8 nm）に分類される。微小管は「チューブリン」とよばれる2種類のタンパク質によりつくられた管状の構造をしており，核周囲から細胞周辺に向かって放射状に広がっている。細胞の中の小胞はキネシンなどのモータータンパク質により微小管に沿って輸送されている。また，細胞分裂時には微小管は紡錘体をつくり，動原体微小管として染色体の移動にかかわっている（10章，10.3.4項参照）。中間径フィラメントは細胞の形を維持する役割を担っている。ミクロフィラメントはアクチンとよばれる球状タンパク質がATPの存在下で重合し，繊維状のタンパク質となり，二重鎖をつくる。柔軟な細胞骨格で，細胞の運動や形の変化などに関与している。

2.4 原核生物と真核生物

これまでは細胞およびオルガネラについて，おもに動物および植物細胞についてみてきた。これはどちらも高等生物の真核細胞である。光学顕微鏡で見ることができる一番小さく，最も簡単な構造をもつものは細菌（bacterium, 複 bacteria）である。細菌のゲノムDNAは核膜によって囲まれておらずタンパク質と複合体を形成しているが，細胞質中にむき出しの状態で存在している。これを核様体とよぶことがある（図2.7）。

核膜で覆われた核をもつものを**真核生物**(eukaryote)，核をもたない生物を**原核生物**(prokaryote) という。原核生物も細胞壁をもち，その組成は植物，菌類とは異なり，**ペプチドグリカン**という糖質とペプチドの網目構造となっている。原核生物のもう1つの重要な特徴として，細胞内小器官をもたないことをあげられる場合が多い。事実，真核生物に見られるようなミトコンドリア，葉緑体，液胞などの細胞内小器官をもつ原核生物は存在しない。しかし，近年原核生物特有の機能をもった，細胞内小器官とよんでも不思議ではない構造体が発見され，研究されている。シアノバクテリアにおいて光合成を行うカルボキシソーム，磁性細菌のマグネトソーム，無機ポリリン酸を蓄積しているアシドカルシソームなどである。原核生物も細胞内小器官をもつ，と言ってもよいのではないか。

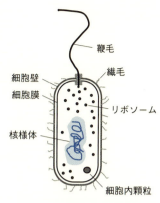

図 2.7　原核生物の細胞構造

2.5　第3の生物？ 古細菌

20世紀後半，生物を遺伝子レベルで研究する分子生物学の目まぐるしい発展の中，遺伝子レベルで生物進化を調べることができるようになった。その新しい進化系統樹をみると，とても興味深いことがわかった。原核生物のうち，進化の起源が原核生物と真核生物との差ほどに離れたものが存在することが示された。この群に属する原始の微生物は太古の地球環境に似た環境（高温，高い塩分濃度，高い酸性，無酸素）で生育できることから，**古細菌**(archaea, **アーキア**)とよばれるようになった。ただし，進化的に古い細菌という意味ではない。図2.8に示したように，原核生物であるにもかかわらず，進化の起源はむしろ真核生物に近いものとなっている。混乱を避けるために始原菌という名称も提案されたが，現在は余り使われていないようである。古細菌以外の原始の

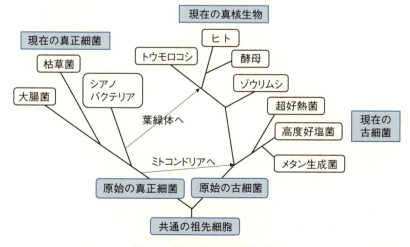

図 2.8　生物の進化と細胞内共生

微生物のことを真正細菌 (eubacteria) とよぶ。このように古細菌はもはや原核生物と真核生物という分類にはそぐわず，第3の生物と言われることもある。

　1章で学んだように，最初に誕生した生物は過酷な環境でも生育できる細菌である。その後どのように動物，植物へと進化したのであろうか。細胞内小器官の特徴と分子生物学的研究から，ある有力な進化説が提唱されている。ミトコンドリアと葉緑体はいずれも独自の DNA をもち，二重膜によって囲まれている。真正細菌が進化し酸素呼吸を行うものが現れ，その好気的な細菌が古細菌の細胞に飲み込まれ，ミトコンドリアとなり真核生物の祖先が生まれたという説である。同様に，光合成を行う細菌であるシアノバクテリアが真核生物の祖先に飲み込まれ，植物へと進化したと考えられている。このような説を進化の細胞内共生説という。それぞれ1つの細菌が他の細菌へエンドサイトーシスのような形で飲み込まれた結果，これら2つの細胞内小器官は二重膜構造をとっているのである。独自のゲノム DNA をもつこともこの説を裏づけている。

演習問題：光や電子線の波長と観察できる対象物の大きさについて簡潔に説明してください。

コラム

走査型電子顕微鏡とナノスーツ

　走査型電子顕微鏡 (scanning electron microscope: SEM) は数ナノメーター (nm) 程度の立体構造まで観察でき，生物体表の微細構造の解析には，とても有効な機器である。しかし，電子顕微鏡は内部を高真空の極限状態で使用しなければならない。そのため，生物を生きたままの状態で観察しようとすると，体内の約 80% を占める水分が真空により抜かれてしまい，しわくちゃとなり，体表面の微細な構造は大きく変形してしまう。従来は，生物をグルタールアルデヒドなどで固定し，金属蒸着した標本でしか観察することはできなかった。この方法では，化学処理により体表の微細構造は変形することがあり，正確な情報を得ることはできない。東北大学と浜松医科大学の共同研究チームは，生きたまま SEM で観察できるかどうか，様々な生物について調べ，ショウジョウバエの幼虫のみが，高真空下で生きながらえることを見いだした。SEM の電子線を当てないと，同じ条件下でこの幼虫は死んでしまうことから，電子線照射がカギであると考えられた。そこで，幼虫の細胞外分泌物質に着目し電子線を照射すると，厚さ 50〜100 nm の非常に薄い重合膜に変わることがわかった。2013 年，研究チームはプラズマ照射でも同様の現象が起こることを確認し，この高真空耐久性のプラズマ重合膜をナノスーツ (nanosuit) と命名した。ナノスーツを着た生物は，10 万分の1から 1000 万分の1パスカル (Pa) ほどの高真空環境に耐えるので，解像力の高い電界放射型走査電子顕微鏡 (FE-SEM) を用いて，動き回る「標本」が観察できるようになった。さらに，ユスリカの幼虫を用いた研究では，界面活性剤 Tween 20 の 1% 溶液が細胞外分泌物質と同様に，電子線照射により重合膜を形成することを明らかにした。

3 生命を形づくる有機高分子の秘密

3.1 はじめに

　私たち人間は生きるために他の動植物を食べなければならない。それは1章で学んだ生命に必要な低分子化合物を一からつくることが難しいからである。それでは動植物の何を摂取しているのか。それは動植物を形づくっている有機高分子を食べて消化し，低分子化合物にしてから自分に合った有機高分子を再合成しているのである。それら有機高分子は性質の似通った低分子化合物がいくつも繋がった「鎖」となっている。生命を形づくる鎖は大きく分けて3つ，核酸（ポリヌクレオチド鎖），タンパク質（ペプチド鎖），多糖類（糖鎖）が存在する。それぞれどのように鎖となり，どのように機能するのかをみていくことにする。

〈核酸の分子構造および生体情報伝達での重要性に関する発見〉
　　ノーベル生理学・医学賞（1962）
　　ジェームズ・ワトソン（Watson, J. D., 1928-）
　　フランシス・クリック（Crick, F. H. C., 1916-2004）
　　モーリス・ウィルキンス（Wilkins, M. H. F., 1916-2004）
　遺伝子の本体であるDNAを構成する4つの塩基の組成，アデニンとチミン，グアニンとシトシンの数がそれぞれ常に等しい，というシャルガフの経験則の謎解きに勝利した3人である。元々物理学者だったクリックと生物学者のワトソンが，ウィルキンスが示したX線回折像をもとに，2組の塩基が対をなすようにポリヌクレオチド鎖が逆向きに二重らせんを形成していることを明らかにした。実は，このX線回折像をめぐる"いざこざ"が様々な書物でドラマチックに描かれている。ウィルキンスは当時の共同研究者であるロザリンド・フランクリンと折り合いが悪く，フランクリンのデータを盗用したというものである。DNAの暗黒史と言われているが，その真偽はともかく，分野の異なる研究者が偉大な謎解きに成功したことに注目したい。

Keyword

X線構造解析，遺伝子複製，核磁気共鳴法，ポリヌクレオチド，生体高分子，肺炎双球菌，バクテリオファージ，放射性同位元素，シャルガフの経験則，DNA二重らせん構造，タンパク質，一次構造，高次構造，フォールディング，シャペロン，ジスルフィド結合，二次構造，α-ヘリックス，β-シート，単糖，アノマー，多糖類，加水分解酵素，デンプン，グリコーゲン，セルロース，ペプチドグリカン

3.2 有機高分子の構造にかかわる科学史

表 3.1 を見てもわかるように，有機高分子の立体的な構造は **X 線構造解析**に
よって次々と同定され続けている。生命現象は多種多様の有機高分子が担って
いるのであるから，それら高分子の構造を正確に明らかにし，構造と機能の関
係を調べる構造生物学という分野が確立してきた。上述の DNA の二重らせん
モデルは，構造と機能の関係から**遺伝子複製**（replication）という生命現象を明
らかにした最初のかつ最大の発見であろう。

3.2.1 X 線構造解析の基礎であるブラッグの法則

X 線構造解析にはまず調べたい高分子の結晶を得ることが必要である。X 線
回折の物理法則はブラッグ父子（Bragg, W. H., 1862-1942 & Bragg, W. L., 1890-
1971）により発見され，ブラッグの法則として知られている。X 線を結晶に照
射すると高分子中の原子が X 線を散乱させ，結晶構造の繰り返しにより強め
合ったり，弱め合ったりして，散乱光は干渉し合って複雑な回折パターンをつ
くる。この回折像を解析することにより原子の空間配置がわかるのである。同
じ 1913 年，西川正治（Nishikawa, S., 1884-1952）は大学院生小野澄之助ととも
に，竹や麻などの天然繊維について，X 線回折により繊維構造の論文を世界で
初めて発表した。一方，X 線回折による解析は理化学研究所の寺田寅彦（Terada,
T., 1878-1935）が「X 線と結晶」という論文を *Nature* に発表し，その後，西川
と共同研究を行い，数学理論を応用して構造決定法を導き，高く評価された。

表 3.1　有機高分子の構造と機能に関連する科学史

西暦	科学者	史実
1913	ヘンリー・ブラッグ ローレンス・ブラッグ	X 線回折による構造解析の理論，ブラッグの法則を発表
1913	西川正治，小野澄之助	セルロースの結晶構造を確認
1944	オズワルド・セオドア・エイブリー	形質転換には DNA が必須なことを報告
1952	アルフレッド・デイ・ハーシー マーサ・カウルズ・チェイス	放射性同位元素を用いて DNA が遺伝物質であることを直接証明
1952	ロザリンド・フランクリン	DNA 結晶の X 線回折写真「フォトグラフ 51」
1953	ジェームズ・ワトソン フランシス・クリック モーリス・ウィルキンス	DNA 二重らせん構造の発表
1953	ジョン・ケンドリュー マックス・ペルーツ	タンパク質結晶化のための「重原子同型置換法」を開発
1972	貝沼圭二 デクスター・フレンチ	X 線回折によるアミロースの二重らせん構造を発表
1986	クルト・ビュートリッヒ	NMR によるタンパク質の構造解析法を開発

3.2.2 天然高分子のらせん構造の発見

1941 年，アメリカの生化学者フレンチ（French, D.）は，D-グルコース分子がα1,6 結合で直鎖状に縮合しているアミロースでは，6 個の D-グルコースが 1 巻きのらせん構造を形成している可能性を提案した。この報告は天然高分子がらせん構造をつくる初めてのもので，その後，多くの研究者が細かな修正を行いながら，1972 年に貝沼圭二（Kainuma, K., 1953-）とフレンチがアミロースの二重らせん構造を提唱するまで解析が続いた。アミロースは，平行な 2 本の糖鎖のらせんが互いに水素結合を介して平行に並び，結晶をつくれることを示した。

3.2.3 生体高分子の X 線回折の歴史

イギリスの X 線結晶学の若手研究者フランクリン（Franklin, R. E., 1920-1958）は，DNA の X 線回折を始めて 1 年で DNA 結晶に含まれる水分量により 2 タイプあることを明らかにした。そして，1953 年，二重らせん構造の解明に繋がる X 線回折のデータを得た。この写真は，上司であったウィルキンスがワトソンとクリックに見せたものとしてよく知られている。同じ 1953 年，タンパク質の立体構造の解析法として，ケンドリュー（Kendrew, J. C., 1917-1997）とペルーツ（Perutz, M. F., 1914-2002）は，X 線回折のためタンパク質を重元素の金属イオンを用いて結晶化する「重原子同型置換法」を開発した。1958 年にケンドリューはミオグロビンの，1959 年にペルーツはヘモグロビンのらせん構造を含む立体構造を報告し，1962 年，2 人はノーベル化学賞を受賞した。

有機高分子の X 線構造解析を行う研究室には X 線照射装置があるが，X 線構造解析の問題はやはり対象サンプルを結晶化しなければならないという点である。結晶化が難しい高分子もあるし，結晶化された状態は生体内での本来の姿ではないかも知れない。近年，核磁気共鳴法（NMR）による構造決定も盛んに行われている。分子量などの制限があるが，NMR による解析はサンプルを結晶化する必要がない利点がある。また，兵庫県播磨科学公園都市にある SPring-8 は強力な放射光（X 線）を発生する施設であり，ごく少量のサンプルでも結晶化することなしに，タンパク質会合体の構造を短時間かつ高精度で解析することができる。

3.3 第 1 の鎖：核酸

1 つ目の鎖は生命にとって最も重要な鎖，核酸である。核酸とは 1 章で学んだヌクレオチドが多数連結したポリヌクレオチド鎖であり，デオキシリボ核酸（DNA）とリボ核酸（RNA）がある。DNA は生命の設計図と言われ，その設計図の必要な箇所をコピーして実行に移すのが RNA である。ここでは DNA の構造について詳しくみていくことにする。

3.3.1 遺伝子の本体がDNAであることはいかにして証明されたか

親から子へ，子から孫へ，遺伝を司る因子（遺伝子）が存在し，それが細胞の核に含まれる染色体にあるということは20世紀初頭に予想がついていた。染色体はDNAとタンパク質からなることもわかっていたが，1章で学んだように，DNAは4種のヌクレオチド，タンパク質は20種類のアミノ酸からなる生体高分子であり，遺伝という複雑なものを伝えるためにはDNAの構造は単純すぎると信じられていた。

遺伝子の正体はどちらなのか。1944年にアメリカの細菌学者エイブリー（Avery, O. T., 1877-1955）による鋭い実験によって，DNAであることが証明された（図3.1）。

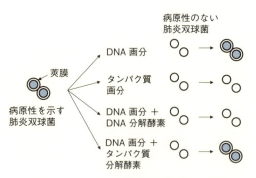

図3.1 エイブリーの肺炎双球菌を用いた実験

肺炎双球菌（*Streptococcus pneumoniae*）は肺炎を引き起こす病原菌であるが，病原性のあるタイプ（S型）とないタイプ（R型）が存在する。エイブリーはS型菌から抽出した液からDNA画分とタンパク質画分を得て，それぞれをR型菌と混ぜた。DNA画分と混ぜたときのみ病原性のあるS型が現れた。さらに，DNA画分にDNA分解酵素やタンパク質分解酵素を混ぜ，タンパク質分解酵素とともに混ぜたときのみS型が現れることを示し，DNAが遺伝子の本体であることを証明した。確実に証明できるまで結果を公表しなかったエイブリーは，弟に送った手紙に，「シャボン玉を飛ばすのは楽しいが，誰かに壊される前に自分で壊す方がよい」と書いたそうである。しかし，当時は同じ研究所のレヴィーンの「テトラヌクレオチド説」に影響され，この結果はすぐには認められなかった。その後，1952年にハーシー（Hershey, A. D., 1908-1997）とチェイス（Chase, M. C., 1927-2003）によるバクテリオファージ（細菌に感染するウイルス）を用いた実験で，「遺伝子の本体はDNA」であることが完全に証明された。この実験では，まず，ファージの「殻」をつくるタンパク質を放射性同位元素の^{35}Sで，殻の中にあるDNAを^{32}Pで標識した（1章，表1.2参照）。次に，標識したファージを別々に大腸菌へ感染させ，^{35}Sと^{32}Pのいずれがファージとともに受け継がれていくか調べた。結果として，増殖したファージには^{32}Pのみが含まれることを明らかにした。以後，遺伝子の研究はDNA鎖の構造解明へと移っていった。

3.3.2 DNA二重らせん構造はいかにして発見されたか

どのような構造が遺伝子として機能しているのか。ケンブリッジ大学で遺伝子DNAの構造を研究していたワトソンとクリックはシャルガフの経験則を知り，その立体構造の理論的な解析を進めた。ロンドンのキングス・カレッジで研究していたフランクリンのDNA結晶のX線回折による分析結果をもとに，1953年，ワトソンとクリックはDNAの構造モデルを提唱した。"We wish to suggest a structure for the salt of deoxyribose nucleic acid（DNA）. This structure has novel features which are of considerable biological interest."で始まる，900語からなる論文を*Nature*に投稿し，その後の分子生物学の先駆けとなった。ワトソンとクリックが明らかにしたゲノムDNAの立体構造の特徴は，1章で学んだように，(1)遺伝子は2本のポリヌクレオチド鎖からなり，中心軸のまわりに右巻きの「らせん」を形成していること，(2)2本の鎖は逆方向であること，(3)糖リン酸骨格は外側に位置すること，(4)「アデニンとチミン」，「グアニンとシトシン」が水素結合により相補的に対合すること，(5)このペアは中心軸に対してほぼ垂直な平面に位置すること，などである(図3.2)。ヒト遺伝子は31億対からなり，有機塩基ペアの平面間の距離が0.34nmであるから，片親から受け継いだ染色体の二重らせん鎖をすべて繋げると約1.05mになる。

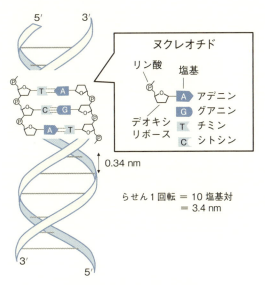

図3.2　DNA二重らせん構造

　DNAが遺伝子の本体ならば，親から子へ，あるいは細胞が2つに分裂する際にはDNAが複製(コピー)されて伝わらなければならない。ワトソンとクリックの論文の最後は"It has not escaped our notice that the specific pairing we have postulated immediately suggests a possible copying mechanism for the genetic material."という文で締めくくられている。つまり，DNA二重らせん構造にコピーの秘密が隠されているのである。このような構造をしているDNAに含まれる遺伝子としての情報は何なのか。遺伝子はどのようにしてコピーされ，いかにして機能するのかは4章で詳しく学ぶ。

3.4　第2の鎖：タンパク質

　これまでみてきたように，遺伝子の本体はDNAである。DNAは生命の設計図だともよく言われるが，それはどういうことであろうか。DNA中の4つの塩基の配列が様々なタンパク質を合成する設計図となっているのである(4章参照)。実際に，生命を維持するために「仕事」をするのはタンパク質であり，人体には10万種ほどのタンパク質が存在していると言われている。

3.4.1　タンパク質の一次構造

　DNAを基本単位がヌクレオチドであったように，タンパク質の基本単位は20種類のアミノ酸である。アミノ酸のカルボキシ基がもう1つのアミノ酸のアミノ基と脱水縮合し，ペプチド結合を形成する(図3.3)。数にして数十〜数千のアミノ酸がペプチド結合によって繋がり，ポリペプ

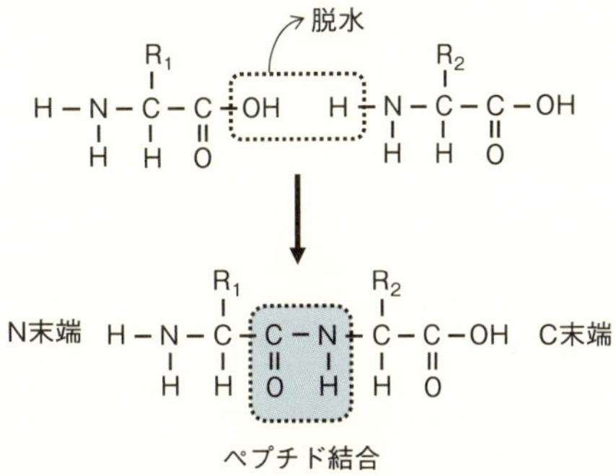

図3.3　アミノ酸のペプチド結合

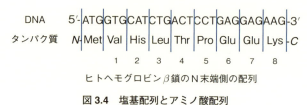

ヒトヘモグロビンβ鎖のN末端側の配列

図 3.4 塩基配列とアミノ酸配列

チド鎖となったものがタンパク質である。

　タンパク質のアミノ酸配列（一次構造）にも方向性があり、アミノ基の末端をN末端，カルボキシ基の末端をC末端とよび、N末端 → C末端となるように記述する。この方向はDNA鎖の5′ → 3′の方向と同じである（図 3.4）。

　アミノ酸の性質は側鎖の性質によって決まる（1章参照）。タンパク質においては、各アミノ酸側鎖の立体的な位置関係が構造や機能において重要なファクターになっている場合が多い。タンパク質は1本のポリペプチド鎖であるが、生体内で直鎖状に存在しているわけではない。1972年にノーベル化学賞を受賞したアンフィンゼン（Anfinsen, Jr. C. B., 1916-1995）は、タンパク質は水中あるいは生体膜中の一定の環境下では、そのアミノ酸配列に従って固有の立体構造（高次構造）に自発的に折り畳まれる（フォールディング）ことを示した（アンフィンゼンのドグマ）。アミノ酸配列に基づいて、自由エネルギーが最小となるように折り畳まれるということである。アンフィンゼンのドグマは多くのタンパク質で成り立つことが確認されているが、例外もある。タンパク質がmRNAの情報をもとに合成される際に、部位ごとに合成速度を遅らせて特別な形をとらせることがあるが、この場合はアミノ酸配列全体ではなく、部位ごとにアンフィンゼンのドグマによってフォールディングされる。さらに、ある種のタンパク質は自分自身でフォールディングすることができず、シャペロンという別のタンパク質の力を借りて正常な構造を形成する場合がある。

3.4.2　α-ヘリックス構造とβ-シート構造

　タンパク質を構成するアミノ酸どうしの様々な引き合う力、水素結合、静電引力、ファンデルファールス力によって、高次元構造が成り立っている。これらはすべて非共有結合によるものであるが、システインの側鎖のSH基どうしはジスルフィド結合という共有結合で結合する場合がある。このような結合により、タンパク質は全体としてはそれぞれ独特な形をしているが、局所的にみると2種類の共通したパターン（二次構造）がよく見つかる。1つはα-ヘリックス構造とよばれる構造で髪の毛の主成分であるケラチンというタンパク質で最初に見つかった。図 3.5 に示すようにらせん構造をとる。もう1つはβ-シート構造で絹の主成分であるフィブロインというタンパク質で見つかった。これはシート状のものがいくつか並んだ形となっている。α，βはギリシャ文字で1番目と2番目の文字であるから、それぞれ見つかった順番を示している。

　これらの構造がタンパク質の局所構造としてよく見られる理由は、どちらも

3.4 第2の鎖：タンパク質

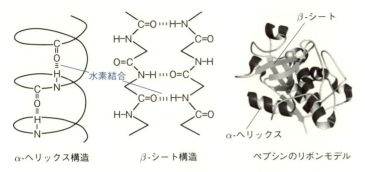

図 3.5 α-ヘリックス構造と β-シート構造

アミノ酸の性質を決める側鎖ではなく，主鎖のペプチド結合の N-H と C=O 基との水素結合によってつくられる構造だからである。α-ヘリックスは縦に（ペプチド結合の方向に）伸びやすい性質があり，ほぼ 100% α-ヘリックス構造からなるケラチンや皮膚のコラーゲンなど全体的に伸び縮みすることができる。一方，β-シート構造は縦方向の伸び縮みは余りしないが，曲げやすい構造となる。α-ヘリックス構造のもう1つの特徴は親水性の相互作用である水素結合がらせん内部で形成され，側鎖が α-ヘリックスの外側を向くようになっている。2 章で学んだ生体膜に存在する膜タンパク質では，疎水性アミノ酸からなる α-ヘリックス構造がリン脂質二重層の疎水性部分に接することで，膜内で安定して存在できるようになっている（図 3.6）。

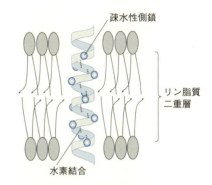

図 3.6 膜タンパク質の疎水性 α-ヘリックス

20 年ほど前に話題となった，牛海綿状脳症（狂牛病）の感染性因子は「プリオン」とよばれるタンパク質である。正常なプリオンは α-ヘリックス構造を多くもつが，感染性のある「異常」プリオンは立体構造が変化して β-シート構造が多くなる（図 3.7）。そのため，安定化して凝集しやすくなり，中枢神経系に沈着することにより狂牛病を引き起こす。厄介なことに，異常プリオンが体内に入り込むと正常プリオンの α-ヘリックスが変化し β-シートになるが，詳細なメカニズムは不明のままである。ヒトではヤコブ病として知られている。

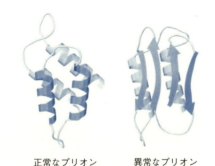

図 3.7 プリオンの二次構造の変化と病原性

3.4.3 タンパク質の種類

タンパク質の種類は大きく分けて，コラーゲン，アクチンなど体や細胞の構造を支える「構造タンパク質」と様々な仕事をする「機能タンパク質」に分かれる。機能タンパク質の例は，生体内の化学反応を触媒する酵素（5 章参照），物質の膜透過にかかわるもの（トランスポーターなど，2 章参照），物質を運搬するもの（アルブミン，ヘモグロビンなど），生体膜を介して情報を伝える受

容体(11章〜13章参照), 免疫に関与するもの(免疫グロブリン, 13章参照)などがある。機能タンパク質は有機低分子やその他のタンパク質と結合して様々な仕事をするが, これらタンパク質のうち, 受容体に結合する物質を「リガンド」という。受容体とリガンドの結合は特異性が非常に高い。リガンドにはホルモン(11章参照), 神経伝達物質(12章), サイトカイン(13章)などがあり, その特異性によって, 秩序正しい物質代謝や情報伝達, また環境応答など, 生物にとって重要な機能が発揮されるのである。

3.5　第3の鎖：多糖類

3つ目の鎖は単糖が縮合により繋がったものである。生命にとって最も重要であり, 自然界に最も多く存在する糖であるD-グルコース(以下, グルコース)は分子内に多くのヒドロキシ基をもつ。ヒドロキシ基どうしが縮合することにより2分子のグルコースは1分子のマルトース(麦芽糖)に変わる。このように単糖が1位のヒドロキシ基を介して縮合した結合のことをグリコシド結合という(図3.8)。

六炭糖の場合, 1, 2, 3, 4, 6位の炭素のヒドロキシ基はすべてグリコシド結合を形成することが可能である。また, すでに学んだように, グルコースはα型, β型のアノマーをもつので, 2種類のグリコシド結合が生じる。単糖がグリコシド結合によって多数連結したものを多糖類という。

このように, 生物にとって重要な核酸, タンパク質, 多糖類の3つの鎖はすべて縮合により生じたものである。したがって, これらの有機高分子は縮合における脱水反応の逆反応を触媒する加水分解酵素で分解される。

3.5.1　エネルギー貯蔵にかかわる多糖類

グルコースは生物にとっても最も「おいしい」炭素化合物である。なぜなら, グルコースから多大なエネルギーを得ることができるからである。しかし, 生物(細胞)が満腹の場合, グルコースを細胞内に貯めておくことは危険である。細胞膜は一種の半透膜であるので, グルコースなどの糖が細胞内に蓄積すると浸透圧の関係で細胞が破裂してしまう。また, グルコースの1位の炭素のヒドロキシ基に由来するアルデヒド基の還元性は危なっかしく, アミノ酸やタンパク質の側鎖のアミノ基と縮合し「アマドリ化合物」を形成しやすい。これらのアマドリ化合物の蓄積は細胞の老化と関係があると言われている。そ

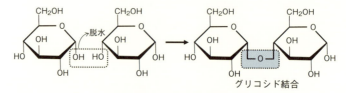

図3.8　グリコシド結合

3.5 第3の鎖：多糖類

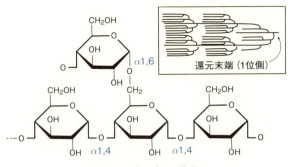

図 3.9 デンプンの構造

こで生物はグルコースが余れば繋げて多糖類として貯蔵する。よく知られているように植物は光合成で合成した糖をデンプンの形で貯蔵する。デンプンはグルコースが α1,4 と α1,6-グリコシド結合で繋がった多糖である（図 3.9）。グルコースが α1,4-グリコシド結合で繋がると，タンパク質の α-ヘリックス構造のようにらせん構造をとる（これをアミロースという）。α1,6-グリコシド結合によってこの直鎖らせん構造から新たならせん構造が分岐することになる（アミロペクチン）。動物や微生物ではグルコースはグリコーゲンに変換される。グリコーゲンとデンプンは，基本構造は同じだが，グリコーゲンの方が多くの分岐構造をとる。アミラーゼはデンプンを非還元末端から順に加水分解する。

3.5.2 細胞壁の成分となる多糖類

同じグルコースでも β1,4-グリコシド結合で直鎖状に繋がると，シート状になる。これもタンパク質の β-シート構造に似ている。この多糖類をセルロースといい，植物の細胞壁の主成分である（図 3.10）。セルロースが他の多糖類（ヘミセルロース）やリグニンなどと複合体を形成し，繊維化することにより細胞壁となって植物体を支える。アミロースのらせん構造，セルロースのシート構造はそれぞれ高分子内の水素結合によるものであるが，セルロースは分子の外側にも水素結合を形成しやすい。セルロースは不溶性であるが，水に懸濁すると水分子を介して分子間に水素結合が生じる。その後徐々に乾燥させると水分子が除かれ，セルロース分子間の強力な水素結合が生じる。これが「紙」である。

キノコの細胞壁や昆虫，カニなどの節足動物の外骨格は，グルコースの2位の炭素にアセチルアミノ基が結合した N-アセチルグルコサミンが β1,4-グリコシド結合で直鎖状になった「キチン」が主成分となっている。β1,4-グリコシド結合のみで分岐鎖をもたないのでセルロースとよく似た性質を示す。細菌の細胞壁は独特で，N-アセチルグルコサミンと N-アセチルムラミン酸という糖が交互に β1,4-グリコシド結合したものを主鎖として，D-アミノ酸を含む4つのアミノ酸からなるペプチド

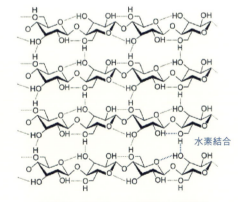

図 3.10 セルロースの構造と水素結合

が架橋構造を成している。これをペプチドグリカンという（2章, 2.4節参照）。

3.5.3　その他の生物に見られる多糖類

　グルコースのβ1,4以外のβ型結合（β1,3結合, β1,6結合など）で構成された多糖類を「β-グルカン」とよぶ場合があり, キノコや酵母によくみられる。グルカンとはグルコースが繋がった多糖類をさすので, 正確に言えばβ1,4結合で連結したセルロースもβ-グルカンの一種だが, 一般的にはセルロース以外の総称である。ヒトはグルコースのβ型結合を分解する酵素をもたないのでβ-グルカンもセルロースも消化することはできない。このようにヒトが消化できない炭水化物のことを「食物繊維」とよび, 便秘解消や生活習慣病改善に有用であると言われている。しかし, セルロースは水にほとんど溶けないが, β-グルカンは水に溶けるので, 野菜の食物繊維を補う食品添加物として様々な食品に利用されている。

3.5.4　血液型と糖鎖

　膜タンパク質の細胞外にある部位, 並びに, 血液や粘液にある分泌タンパク質には, 分子量4000以下の枝分かれした糖鎖が結合している場合が多く, まとめて糖タンパク質とよばれている。例えば, 赤血球の細胞膜に表在する糖タンパク質の糖鎖では, ガラクトース, マンノース, フコース, ガラクトサミン（ガラクトースの2位のヒドロキシ基がアミノ基に置き換わったアミノ糖）, N-アセチルガラクトサミン（ガラクトサミンのアミノ基にアセチル基が付加した単糖）, N-アセチルグルコサミンなどが成分として知られている。一般的に, 糖鎖の機能としては, 結合しているタンパク質を水に馴染みやすくしたり, タンパク質分解酵素により切断されるのを防いだり, タンパク質間の相互作用にかかわったりしている。血液型を決めているのは赤血球の膜タンパク質に結合している糖鎖の先端の構造の違いである（図3.11）。糖鎖の合成では単糖を付加するごとに異なる糖転移酵素（5章, 5.5.3項参照）が関与しているので, 血液型は遺伝する。

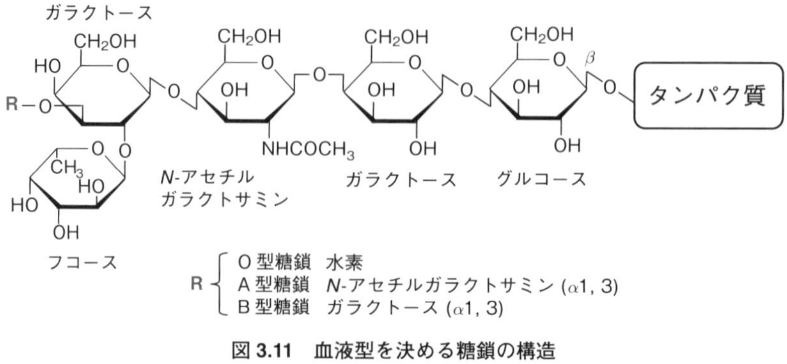

図3.11　血液型を決める糖鎖の構造

3.5 第3の鎖：多糖類

演習問題：DNA二重らせん結晶のX線回折で得られた情報について，DNA複製に関連づけて簡潔に説明してください。

コラム

分子構造の解析に用いるユニークな手法「結晶スポンジ」

1912年，ドイツの物理学者ラウエ（von Laue, M. T. F., 1879-1960）は硫化亜鉛の結晶にX線を照射すると回折像が得られることから，X線が電磁波であることを示し，2年後にノーベル物理学賞を受賞した。それから100年後，「自己組織化」研究の第一人者，藤田誠（Fujita, M., 1957-）は，X線回折に必要とされる「単結晶」をつくらなくても，構造解析ができる結晶スポンジ法を発表した［*Nature*, 495:461-467 (2013)］。結晶スポンジは，金属イオンと低分子の有機化合物の組合せにより，格子状結晶が形成される現象を利用している。この様な結晶は金属有機構造体（metal-organic framework: MOF）とよばれ，世界中で開発を競っている。多孔質な結晶スポンジには一定の空間が配置されており，この内部に測定したい物質が規則正しく入り込むと，X線回折に利用できる試料が簡単に作製できる。これまで結晶化が難しかった高分子有機化合物でもごく少量あれば，分子構造の解析が可能になった。

4 遺伝子の変異と進化の中立性

4.1 はじめに

　新型のスマートフォンを手にして，旧型から使い勝手や処理速度が向上していると，"進化"したと感じる。このような情報機器の進化は，機械やソフトウェアの技術者達が，目的をもって機器を設計し，制御ソフトウェアをプログラムすることで達成されている。

　生物も常に進化を続けているが，目的をもって生物の体を設計し行動をプログラムするような技術者はもちろん存在しない。生物の進化は，生物の個体とそれを取り囲む環境との相互作用によって起こっている。

　本章では，遺伝子がもつ情報がタンパク質という生体高分子になる仕組みと，その情報の変化が進化の要因であることを紹介する。それらの知識をもと

〈X線照射による変異誘導の発見〉　ノーベル生理学・医学賞（1964）

　ハーマン・ジョーゼフ・マラー（Muller, H. J., 1890-1967）

　マラーの研究は，おもに1920年代に行われた。その当時には，モーガン（Morgan, T. H., 1866-1945）らによるショウジョウバエの様々な変異系統を用いた研究から，遺伝子は染色体に存在していると理解されるようになっていた。しかし，染色体がどのように遺伝情報を保持しているのかは，担う分子も含めて明らかではなかった。

　ショウジョウバエを用いて遺伝子の変異に関する研究を行っていたマラーは，その研究の一環として，別々な変異をもつ系統のショウジョウバエ個体にX線を照射した後に，系統間の掛け合わせを行うことで，遺伝子に新たな変異が出現する頻度を調べた。その結果は1927年に発表され，X線照射が遺伝子の変異を引き起こすことと，変異の発生率とX線の照射量には正の相関があることが明確に示された。翌1928年には，他の研究者によって，X線照射はダイズやスズメバチにも同様な結果をもたらすことが報告された。これらの結果は，遺伝子の情報がX線のような大きなエネルギーをもつ電離放射線の影響を受ける分子によって担われていることを極めて強く示唆し，そのような分子の探索を促した。

Keyword

自然選択説，遺伝形質，変異，放射線，トリプレット，分子時計，分子進化中立説，相補鎖，半保存的複製，メッセンジャーRNA（mRNA），セントラルドグマ，転写，翻訳，コドン，リボソームRNA（rRNA），トランスファーRNA（tRNA），鎌状赤血球貧血症，ヘモグロビン，点変異，ホモ接合，ヘテロ接合，マラリア

4.2 遺伝情報と生物進化にかかわる科学史

に，進化が偶然の産物であり，すべての生物種はかけがえのない存在であることを理解してほしい。

4.2 遺伝情報と生物進化にかかわる科学史

現象としての遺伝は，紀元前の古代ギリシャの哲学者として知られているヒポクラテスやアリストテレスも認識し，その仕組みの説明も試みられた。しかし，遺伝の本質的な理解は，それから2千年近く進まなかった（表4.1）。

4.2.1 遺伝形質の多様性と変異

自然選択による生物の進化を提唱したダーウィン（Darwin, C. R., 1809-1882）も，その著書「種の起源」（1859年）に，遺伝の法則はまったくわかっていないと記している。しかし，同時に，個体の性質の遺伝的な多様性は無限に近く，他の個体よりも少しでも有利な性質を備えた個体は生き延びて同じ性質をもつ子どもを残すとも記している。これは進化の自然選択説とよばれるが，ダーウィンは進化における遺伝子の変化の役割をすでに理解していたといえる。

生物の形や性質をまとめて形質といい，遺伝する形質は遺伝形質とよばれる。ダーウィンは個体の遺伝形質の多様性の大きさに注目したが，ド・フリース（de Vries, H. M., 1848-1935）は遺伝形質の変化の程度に注目した。子どもに親とは大きく異なる形質が出現し，それが遺伝形質として以後の世代に伝わることがある。ド・フリースはそのような現象を変異（mutation）と名づけ，こ

表 4.1 遺伝子と進化に関連する科学史

西暦	科学者	史実
1859	チャールズ・ロバート・ダーウィン	著書「種の起源」で自然選択による進化を提唱
1865	グレゴール・ヨハン・メンデル	分離の法則，独立の法則，優性の法則からなるメンデルの法則を発表
1900	カール・エーリヒ・コレンス エーリヒ・フォン・チェルマク ユーゴー・マリー・ド・フリース	メンデルの法則の再発見
1901	ユーゴー・マリー・ド・フリース	変異説を提唱
1927	ハーマン・ジョーゼフ・マラー	X線照射による遺伝子変異の人為的誘導を報告
1954	ジョージ・ガモフ	3塩基（トリプレット）によるアミノ酸の指定を提唱
1958	フランシス・ハリー・コンプトン・クリック	セントラルドグマを提唱
1962	マーシャル・ワレン・ニーレンバーグ	RNAのコドンとアミノ酸の対応関係を確定
1962	ライナス・カール・ポーリング エミール・ズッカーカンドル	進化における分子時計を提唱
1968	木村資生	分子進化中立説を提唱

の変異が進化のおもな要因であると提唱した（1901 年）。同時期には遺伝に関するメンデル（Mendel, G. J., 1822-1884）の法則が再発見されていたが，遺伝物質は存在も含めて不明であった。

4.2.2 DNA の遺伝情報とトリプレット

マラーが電離放射線照射による人為的な変異誘導を報告した後，肺炎レンサ球菌を使ったエイブリーらの実験，および，1952 年に発表されたバクテリオファージを使ったハーシーとチェイスの実験によって，遺伝情報を担う分子はDNA であることが決定的になった（3 章，3.3.1 項参照）。1953 年には，ワトソン，クリック，ウィルキンス，フランクリンらよって，細胞内で DNA は塩基間の相補的な結合によって二重らせん構造をとっていることが明らかにされた（3 章，図 3.2 参照）。

DNA の二重らせん構造が明らかになると，DNA 上に並ぶ塩基の配列が遺伝情報だと考えられるようになった。すると，わずか 4 種類の塩基が，どのようにタンパク質を構成する 20 種類のアミノ酸を指定しているかが，新たな問題となった。1954 年に理論物理学者のガモフ（Gamow, G., 1904-1968）は，連続する 3 つの塩基の配列（トリプレット）を含む構造が特定のアミノ酸に結合するとした「ダイアモンドモデル」を提案した。このモデルそのものは誤っていたが，後にトリプレットのアイデアは正しかったことが明らかになった。

4.2.3 分子時計と進化

赤血球のヘモグロビンは，肺と組織の間で酸素分子を運搬するタンパク質で，すべての脊椎動物に存在する。ポーリング（Pauling, L. C., 1901-1994）とズッカーカンドル（Zuckerkandl, É., 1922-2013）は，このヘモグロビンを構成するポリペプチドの α 鎖に注目し，いくつかの種でアミノ酸配列を決定した。そして，種間でアミノ酸配列を比較すると，分岐時期が古い種の間ほど，アミノ酸配列の違いが多いことを発見した。この違いの数と分岐してからの期間に直線関係があると思われたことから，彼らはタンパク質のアミノ酸配列には変異が一定の速度で起こっていると考え，1962 年に分子時計の概念を提唱した。タンパク質のアミノ酸配列は遺伝子の塩基配列で指定されており，塩基配列にも一定の速度で変異が起こることになる。

分子時計の提唱を受けて，木村資生（Kimura, M., 1924-1994）は 1968 年に，遺伝子の変異の多くは自然選択に有利でも不利でもなく中立的で偶然に集団中に広がり固定されてきたとする分子進化中立説（中立説）を発表した。この中立説には，進化は自然選択で進むと考える研究者から多くの反論があった。しかし 1981 年に，遺伝子として働いていない DNA 領域の塩基配列の変異速度が，遺伝子として働いている領域よりも速いことが明らかにされた。このことは，自然選択を受けない方がより速く進化することを意味している。この現象は中立説で容易に説明できるため，現在では中立説は分子進化の基本的な考え方の 1 つになっている。

4.3 遺伝子が複製される仕組みと複製ミスの修復

4.3.1 DNAの二重らせんにおける相補性と遺伝子の複製

染色体上に連続して並び，かつ，1つの形質に対応させることができる遺伝情報を，遺伝子とよんでいる。遺伝子の塩基配列やタンパク質のアミノ酸配列が変化する仕組みを理解するためには，生物の体を構成している細胞の中で遺伝子が複製（コピー）される仕組みと，遺伝情報からタンパク質がつくられる仕組みを知る必要がある。

現在の地球上に生息するすべての生物で，その遺伝情報は細胞の中に存在するDNAが担っている。そのため，細胞は増殖する際に，遺伝子をコピーしてから2つに分裂する。複製の仕組みは，2本鎖DNAがつくる二重らせん構造と極めて密接な関係がある。

DNAは，多数のデオキシリボヌクレオチドが重合した鎖状の分子である。デオキシリボヌクレオチドは，有機塩基，糖であるデオキシリボースとリン酸の3つ部分に分けることができる（1章, 1.3.3項参照）。1本のDNA鎖（1本鎖DNA）では，デオキシリボースとリン酸が交互に繋がって糖リン酸骨格をつくり，塩基は二重らせんの内側に階段のステップのように骨格から飛び出している。それぞれのDNA鎖の塩基は鎖どうしを繋ぐように，水素結合を介して，AとT，GとCの組合せで安定な塩基対を形成している。このような塩基どうしの水素結合は，**相補的相互作用**（相補的結合）とよばれている。つまり，2本鎖DNAでは，片方のDNA鎖の塩基が決まれば，もう片方の鎖の塩基も決定されることになる。このような関係から，二重らせんをつくる2本のDNA鎖は互いに**相補鎖**ということができる。

4.3.2 DNAの相補的な複製のメカニズム

DNA複製の過程では，この2本鎖DNAをほどきながら，新たな相補鎖が4種類のデオキシリボヌクレオチド（dATP，dTTP，dGTP，dCTP）を材料としてつくられていく。既存のDNA鎖は親鎖（鋳型鎖），新たにつくられた相補鎖は娘鎖（新生鎖）とよばれ，最終的に親鎖と娘鎖が組み合わされた2本鎖DNAが2つつくられる。この2つの2本鎖DNAの塩基配列はまったく同じだが，一方がオリジナルで他方がコピーという関係ではなく，どちらも半分がオリジナルで半分がコピーといえる。このような2本鎖DNAのコピー方法は**半保存的複製**とよばれ，この方法のために2本鎖DNAは1回の複製で2倍にしかなれない。図4.1に，半保存的複製の過程を模式的に示す。

2本鎖DNAと4種類のデオキシリボヌクレオチドを混ぜるだけでは，遺伝子の複製は始まらない。この

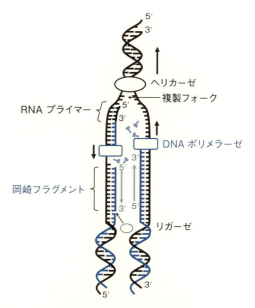

図4.1 DNAの半保存的複製

過程には様々な酵素が関係している。まず，ヘリカーゼとよばれる酵素が，塩基間の相補的相互作用を外して二重らせんを解き，鋳型となる2本の親鎖に分割する。次に，DNAプライマーゼとよばれる酵素がプライマーとよばれる相補的な短いRNA鎖を合成する。最後に，DNAポリメラーゼという酵素が，プライマーを頭として，5′側から3′側に向けて，親鎖の塩基に相補的な塩基をもつデオキシリボヌクレオチドを順番に繋ぎながら娘鎖を合成していく。しかし，二重らせんにおける各々のDNA鎖の方向とDNAポリメラーゼの性質から，2本の親鎖で起こっている娘鎖の合成過程は同じではない。ヘリカーゼにより2本鎖DNAが解けていく場所は「複製フォーク」とよばれ，ヘリカーゼの後について同じ方向に進んでいく。親鎖の3′側がコピーの先頭となる場合，DNAポリメラーゼは複製フォークと同じ方向に動くので，娘鎖が連続して合成される。このようなDNA鎖をリーディング鎖という。もう一方のDNA鎖は向きが逆であるため，複製フォークから離れた場所から，DNAポリメラーゼはこれに向かって，不連続に娘鎖を合成することしかできない。この不連続なDNA鎖は，プライマー間の長さの断片となり，発見者の名前をとって，岡崎フラグメントとよばれている。隣り合った岡崎フラグメントの末端が接触すると，プライマーのRNAがDNAに置き換えられ，リガーゼとよばれる酵素によって連結される。このプライマー合成から岡崎フラグメントの結合までの過程が繰り返され，1本鎖DNAとしての娘鎖が合成される。このように，岡崎フラグメントが連結されてできあがるDNA鎖をラギング鎖という。

4.3.3　DNA複製の正確性と誤り

ヒトの場合，1つの細胞がもつ2本鎖DNAには約$6.2×10^9$の塩基対がある。この2本鎖DNAが複製される際の誤りの頻度は，わずか10^{-10}～10^{-11}程度にすぎない。この正確性は，誤りを修正する機構が存在することで実現されている。まず，DNAポリメラーゼ自身が，繋げたばかりのデオキシリボヌクレオチドの塩基が誤っていた場合，これを切り取り，正しいものに繋ぎ換える校正活性をもっている。この活性で，誤りの頻度は10^{-7}～10^{-9}まで低下する。さらに，校正活性が見逃した誤りを修正する機構も存在する。2本鎖DNAで相補的な対になっていない塩基は，二重らせんの外側に飛び出してしまう。複製直後は，親鎖と娘鎖を区別することが可能で，DNA分解酵素が娘鎖の飛び出している誤った塩基とその周辺の配列を分解し，DNAポリメラーゼがその部分に正しい塩基のDNA鎖を合成する。この仕組みをミスマッチ修復機構とよび，誤りの頻度を10^{-10}～10^{-11}にまで低下させている。

このように，2本鎖DNAの複製は極めて正確に行われる。しかし，天然物や合成物を含めて化学物質には，塩基と結合するものが多数存在する。また，紫外線や電離放射線もDNAに作用する。その結果，塩基そのものやDNA鎖の塩基配列に変異が引き起こされる。例えば，タールに含まれる化合物のベンツピレンはグアニンに共有結合して大きな付加体となり，塩基間の相補的相互作用を妨害する。細胞内には，このような付加体のついた塩基をDNAから切

4.3 遺伝子が複製される仕組みと複製ミスの修復 41

り離す DNA グリコシダーゼという酵素が存在する。この酵素の働きで異常な塩基が外されると，その少し周辺の DNA 鎖も分解され，DNA ポリメラーゼが正しい塩基配列の DNA 鎖を合成する。このような修復機構は，除去修復とよばれている。紫外線は同じ DNA 鎖で隣り合ったチミン間に共有結合を引き起こしてチミンダイマーをつくり，X 線のような電離放射線は DNA 鎖を切断してしまう。チミンダイマーは，多くの生物種で光回復酵素とよばれる酵素が，チミン間の共有結合を切断して解消される。しかし，複製時までに，すべてのチミンダイマーが解消できているとは限らない。通常の DNA ポリメラーゼは，鋳型鎖にチミンダイマーがあるとそこで複製を止めてしまう。そのときには，チミンダイマーを乗り越えることができる DNA ポリメラーゼが代わって娘鎖を合成し，乗り越え修復が起こる。しかし，乗り越え修復でつくられたチミンダイマー部分に対応する娘鎖の塩基配列は，相補的相互作用が使えないため正しいとは限らない。電離放射線で切断された DNA 鎖は，無傷の相同染色体があると，その塩基配列を利用した相同組換えという仕組みで繋がれ，相同染色体が利用できない場合には，非相同末端結合という仕組みで繋がれる。相同組換えの正確性は高いが，非相同末端結合では塩基の増減が起こるなど正確性は高くはない。このように，DNA の複製過程がどんなに正確であっても，周辺環境からの影響で塩基配列は変化してしまうことがある。塩基配列は遺伝情報そのものであり，その変化は遺伝的な変異として，細胞の形質に影響を及ぼしてしまう。

4.3.4 セントラルドグマ

生命の構造と機能を支えている中心的な分子は，アミノ酸が繋がってできた分子であるタンパク質である。タンパク質のアミノ酸配列は，遺伝子の情報によって決定されている。すなわち，タンパク質のアミノ酸配列は DNA の塩基配列が指定している。しかし，DNA の塩基配列が直接にタンパク質のアミノ酸配列に変換されるのではなく，メッセンジャー RNA（mRNA）が介在している。つまり，遺伝情報の流れに注目すると，DNA から mRNA を経てタンパク質へと流れるといえる。このような遺伝情報に関する概念は，DNA の二重らせん構造を提案した研究者の 1 人であるクリックによって，1958 年にセントラルドグマとして提唱された。DNA の情報から RNA がつくられる過程は転写，RNA の情報からタンパク質がつくられる過程は翻訳とよばれている。

4.3.5 転　　写

RNA は，4 種類のリボヌクレオチド（ATP, TTP, GTP, UTP）が縮合した分子である。DNA と RNA を比較すると，糖の部分がデオキシリボースからリボースに，塩基はシトシン（C）がウラシル（U）に換わっているが，基本的な構造は同一である。U は C と同様にグアニン（G）と水素結合をつくるので，1 本鎖 DNA を鋳型として相補的な 1 本鎖 RNA を合成することが可能である。このように，転写では，塩基の相補的相互作用を利用して DNA 鎖に相補的な RNA

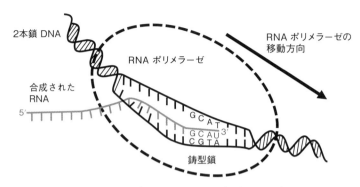

図 4.2 RNA ポリメラーゼによる転写メカニズム

鎖が合成される。DNA の複製では DNA 鎖全体のコピーがつくられるが，転写では 1 個の遺伝子を含む領域に限定された DNA 鎖から 1 本鎖 RNA が合成される。この合成は，RNA ポリメラーゼとよばれる酵素が担っている。真核生物には I〜III までの 3 種類の RNA ポリメラーゼがあり，mRNA の転写を担っているのは RNA ポリメラーゼ II である。RNA ポリメラーゼ I と III は，それぞれ後述する rRNA と tRNA の転写を担っている。RNA ポリメラーゼはヘリカーゼと同じ活性をもっているため，2 本鎖 DNA に結合すると，塩基間の相補的結合を外して 2 本の 1 本鎖 DNA に分けることができる。RNA ポリメラーゼも DNA ポリメラーゼと同様に鋳型鎖を 3′ 端から 5′ 端の方向に移動する。そのため，結合した向きによって 2 本のうちのどちらかが鋳型となる。相補的相互作用が外されているのは RNA ポリメラーゼの中だけで，酵素が通り過ぎた後は 2 本鎖 DNA に戻される。転写は，原核生物では細胞質で，真核生物では細胞核内で起こる。図 4.2 に，転写の過程を模式的に示した。

転写では，2 本鎖 DNA の「どの位置から」「どちらの鎖を」「どこまで」転写するのかが問題となる。これらを制御するために，1 つの遺伝子について，DNA 鎖の 5′ 側上流にはプロモーターとよばれる領域が必ず存在している。転写の際に，RNA ポリメラーゼはこのプロモーターにまず結合するため，「どの位置から」転写するのか自動的に決定される。原核生物では，σ 因子とよばれるタンパク質が RNA ポリメラーゼに結合し，この σ 因子が遺伝子のプロモーター領域に決まった向きで結合する。その結果，RNA ポリメラーゼが結合する場所と向きは決定される。真核生物ではプロモーターの領域が原核生物よりも広く，そこに転写調節因子とよばれるタンパク質群が転写を調節させるために多数結合することがある。RNA ポリメラーゼ II は，それらの転写調節因子群と相互作用することで，転写を始める場所と向きが決定される。原核生物の σ 因子や真核生物の転写調節因子は DNA 上を移動することはなく，RNA ポリメラーゼだけが移動する。一方，DNA を「どこまで」転写するかは，原核生物ではターミネーターとよばれる DNA の塩基配列や ρ 因子というタンパク質によって決定されているが，真核生物ではまだ明らかではない。

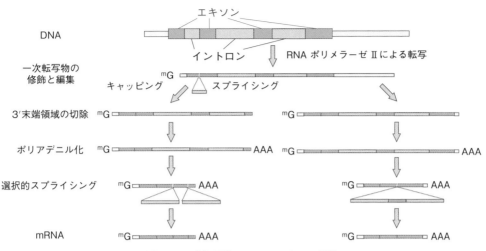

図 4.3 一次転写物から mRNA までの過程

　DNA から転写された RNA は，原核生物ではすぐにタンパク質をつくる過程に利用されるが，真核生物では次のような修飾や編集を受けてから利用される。真核生物で RNA ポリメラーゼ II による転写が始まると，すぐに 5′ キャップとよばれる構造が RNA 鎖の 5′ 端に付加される。転写されつつある RNA 鎖では，イントロンとよばれるアミノ酸配列の情報をもたない領域が取り除かれ，エキソンとよばれるタンパク質のアミノ酸配列情報をもつ領域が繋げられていく。この過程をスプライシングという。転写直後の RNA は適切な場所で切断され，3′ 端に数十〜1000 程度の多数のアデニン（A）からなるポリ A テールが付加される。選択的スプライシング（1 つの遺伝子からタンパク質合成のための複数の情報を作成）は，ポリ A テールが付加される場所により異なり，ヒトの遺伝子では約 3/4 の遺伝子で起こる。このような修飾や編集を受けて mRNA が完成し，核膜孔を通り抜けて細胞質へ移行する（図 4.3）。

4.3.6　翻　訳

　mRNA は，原核生物では転写されたその場で，真核生物では核内から細胞質に輸送され，翻訳に利用される。DNA と RNA の塩基は 4 種類だが，タンパク質を構成するアミノ酸は 20 種類ある。したがって，複数の塩基の集まりを 1 単位として，アミノ酸の 1 種類が指定されているはずである。実際には，連続する 3 つの塩基を単位として 1 種類のアミノ酸が指定されている（4.2.3 項参照）。この 3 塩基配列を DNA ではトリプレット，mRNA ではコドンとよんでいる。コドンは遺伝暗号ともいい，そのアミノ酸との対応関係を簡単な表で示すことができる（図 4.4）。遺伝暗号は 64 種類あるため，平均すると 1 種類のアミノ酸に 3 種類が対応することになるが，実際には 1 個から 6 個までと多様である。現在の地球上に生息しているすべての生物で，遺伝暗号とアミノ酸の対応は共通である。

　翻訳で mRNA 上のコドンが読み取られる方向は決まっていて，コドンの並

1 文字目

		U	C	A	G		2 文字目
U		フェニルアラニン	セリン	チロシン	システイン	U	
		フェニルアラニン	セリン	チロシン	システイン	C	
		ロイシン	セリン	終止	終止	A	
		ロイシン	セリン	終止	トリプトファン	G	
C		ロイシン	プロリン	ヒスチジン	アルギニン	U	
		ロイシン	プロリン	ヒスチジン	アルギニン	C	
		ロイシン	プロリン	グルタミン	アルギニン	A	
		ロイシン	プロリン	グルタミン	アルギニン	G	
A		イソロイシン	トレオニン	アスパラギン	セリン	U	
		イソロイシン	トレオニン	アスパラギン	セリン	C	
		イソロイシン	トレオニン	リシン	アルギニン	A	
		メチオニン	トレオニン	リシン	アルギニン	G	
G		バリン	アラニン	アスパラギン酸	グリシン	U	
		バリン	アラニン	アスパラギン酸	グリシン	C	
		バリン	アラニン	グルタミン酸	グリシン	A	
		バリン	アラニン	グルタミン酸	グリシン	G	

3 文字目

図 4.4　遺伝暗号表

び順に従ってアミノ酸がペプチド結合によって繋がれていき，タンパク質が合成される。コドンにはアミノ酸を指定しないものが 3 種類あり，それらのどれかが現れると翻訳が終了することから終止コドンとよばれている。原核生物では，SD 配列という特別な塩基配列を基準として，そのすぐ近くにあるメチオニンを指定するコドン（AUG）から読み取りが始まる。真核生物では，mRNA鎖の末端に最も近い場所にある AUG から読み取りが始まる。このような AUGは特に開始コドンとよばれる。

　図 4.5 に，開始コドン以降の翻訳過程を模式的に示した。翻訳の過程は，RNA ポリメラーゼ I がリボソーム RNA（rRNA）遺伝子から転写した rRNA と多種類のタンパク質が集まった大きな複合体であるリボソーム（2 章，2.3.2 項参照）に，mRNA とトランスファー RNA（tRNA）が取り込まれて起こる。tRNA は RNA ポリメラーゼ III が転写した RNA で，RNA 鎖の中央付近にコドンと相補的なアンチコドン配列をもち，コドンに対応するアミノ酸が 3′ 端に共有結合されている。翻訳開始の仕組みは，原核生物と真核生物で異なっている。原核生物では，リボソーム小サブユニットが mRNA 上の開始コドン近くにある SD 配列に結合し，そこにリボソーム大サブユニットとメチオニンを結合した tRNA がきて翻訳は開始される。真核生物では，まず，リボソーム小サブユニットとメチオニンを結合したイニシエーター tRNA の複合体が mRNAの 5′ 端に結合する。次に，この複合体は mRNA 上を開始コドンまで移動し，そこに大サブユニットが結合して翻訳は開始される。

4.3 遺伝子が複製される仕組みと複製ミスの修復

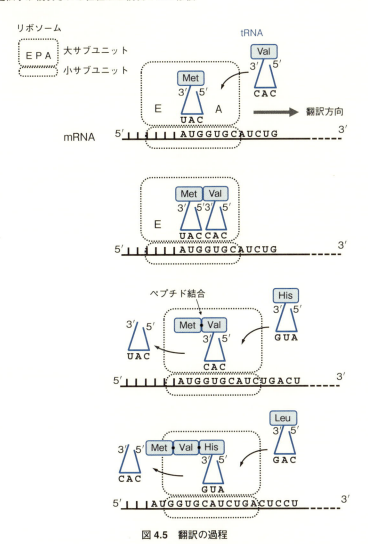

図 4.5 翻訳の過程

　リボソームの大サブユニットには，tRNA が入る部位が A，P，E の 3 か所ある。開始コドンに結合したメチオニンの tRNA は部位 P に入り，部位 A には次のコドンとそれに結合する tRNA が入る。部位 P では tRNA からアミノ酸が切り離され，部位 A の tRNA に結合したアミノ酸とペプチド結合で連結される。次いで，リボソームの小サブユニットは mRNA 上をコドン 1 個分移動し，大サブユニットの部位 A の tRNA は P へ，部位 P の tRNA は E へと送られる。アミノ酸が切り離されて部位 E に移動した tRNA は，mRNA との相互作用が解消されてリボソームから放出される。空いた部位 A には次のコドンと相補的相互作用をする tRNA が結合したアミノ酸とともに入ってくる。この過程が繰り返されることで，mRNA の塩基配列に従ってアミノ酸が連結され，タンパク質がつくられていく。mRNA 上に終止コドンが現れると，終結因子とよばれるタンパク質が tRNA に代わって部位 A に入る。部位 P に移動した tRNA からポリペプチドが切り離されるが，ペプチド結合するアミノ酸が存在

しないため，ポリペプチド鎖はリボソームから放出される．その後，リボソームは小サブユニットと大サブユニットに解離し，それぞれから mRNA と終結因子が放出されて翻訳は終了する．

4.4 遺伝子の変異と進化

4.4.1 遺伝子の変異

これまでに述べてきたように，DNA の塩基配列には，太陽からの紫外線や環境中の化学物質や電離放射線などの影響によって変異が起こる．特に遺伝子のアミノ酸配列の情報をもつ領域で塩基が変わると，場合によってはコドンで指定されるアミノ酸が置き換わり，その性質が変わると，最終的にタンパク質の機能も大きく変化することがある．

そのような例として，ヒトの鎌状赤血球貧血症が知られている．赤血球内には酸素結合タンパク質のヘモグロビンが高濃度で存在し，肺胞から組織へと酸素を運搬している．ヘモグロビンは複合体タンパク質で，2つの α グロビンタンパク質と2つの β グロビンタンパク質からなる球状タンパク質である（図4.6）．鎌状赤血球貧血症は，常染色体の第11染色体に存在する β グロビン遺伝子のたった1個の塩基の変異が原因である．このような変異を点変異という．正常な β グロビン遺伝子では，β グロビンタンパク質の6番目のアミノ酸に対応するトリプレットは CTC で，グルタミン酸を指定している．しかし，このトリプレットの中央の T が A に変異すると，指定されるアミノ酸はバリンに変わる．グルタミン酸は負の電荷をもつが，バリンは電荷をもたず疎水性である．このことが原因で，変異 β グロビン（HbS）は正常とは異なる性質をもち，赤血球の中で大きな繊維状の凝集体をつくってしまう．この凝集体が蓄積されると赤血球の形は歪み，鎌状になる（図4.6）．

鎌状赤血球は毛細血管を詰まらせ，血液循環が悪くなり，貧血症が引き起こされる．β グロビン遺伝子が相同染色体の両方で HbS 型（ホモ接合）の場合，重篤な貧血症となり成人することが困難である．しかし，HbS 型と正常型の組合せ（ヘテロ接合）の場合は，低酸素状態でない限り，日常生活には支障はない．

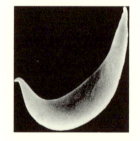

ヘモグロビンの高次構造　　　　鎌状赤血球

図 4.6　ヘモグロビンの高次構造と鎌状赤血球

4.4.2 遺伝子の変異と自然選択

HbS 遺伝子はヒトの生存に不利益となるため，特別な理由がなければ，集団の中に残らないはずである。しかし，アフリカ大陸中央地域では，HbS 遺伝子をもつヒトが高い割合で存在している。これは，アフリカ大陸中央地域におけるマラリアの流行と関係している。マラリアは赤血球に単細胞生物（マラリア原虫）が寄生して起こる感染症で，発熱などの症状が重篤になると死に至る。このマラリアに感染しても，HbS 遺伝子をもつヒトは発症しにくい。そのため，マラリアの慢性的流行地域では，HbS 遺伝子をもつヒトの方がもたないヒトよりも生存について総合的に有利となり，HbS 遺伝子をもつヒトの割合が大きくなっていると考えられる。これは，マラリアと HbS 遺伝子との間の自然選択の結果といえる。

HbS 遺伝子で起こったように，様々な要因に関して，より適した形質をもつ個体が自然選択される。その際に，形質と関係した遺伝情報をもつ DNA の塩基配列も同時に選択される。このような自然選択の結果，祖先と比べて DNA の塩基配列の違いの程度が大きくなった集団は，新たな種として分化する。このように生物の形質が世代を経るに従って変化する現象が，生物の進化である。進化の結果，新しい種が出現する。

4.5 分子時計と分子進化中立論

4.5.1 分子時計

ポーリングとズッカーカンドルは，グロビンタンパク質のアミノ酸配列を様々な脊椎動物間で比較し，異なるアミノ酸の数が比較した種が分岐してからの時間とほぼ比例していると提案した（4.2.3 項参照）。すなわち，脊椎動物ではグロビンタンパク質が一定の速度で変化してきたとみなした。この変化は分子時計と名づけられ，自然選択の結果とすると，脊椎動物のグロビンタンパク質は，水中や陸上などの生物が生活する環境や生物種にはかかわりなく，一定の強さの選択を受け続けていたことになる。

この関係を利用すると，アミノ酸置換率から分岐年代を見積もることが可能である。図 4.7 は，ヒトとウマのヘモグロビンのアミノ酸置換率を基準として，ズッカーカンドルとポーリングが見積もったヒトの $\alpha \sim \delta$ ヘモグロビンの分岐年代を表したグラフである。予想された分岐年代は古い順に，α と γ が約 6 億年前，α と β が約 5 億 6 千万年前，β と γ が 2 億 6 千万年前，β と δ が 4 千 4 百万年前である。

4.5.2 分子進化中立説

分子時計の問題に対して，木村資生は 1968 年に，タンパク質のアミノ酸配列はその情報をもつ DNA の塩基配列が複製時の誤りなどによる変化することに伴って一定の速度で変化し，

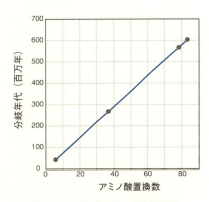

図 4.7　ヘモグロビンの分子時計

そのほとんどは自然選択に対して有利でも不利でもなく中立で，集団の遺伝子として偶然的に固定されると提案した。木村の提案は分子進化中立説とよばれている。木村の提案のすぐ後の 1969 年には，キング (King, J. L., 1934-1983) とジュークス (Jukes, T. H., 1906-1999) も同様な提案を行った。分子進化中立説は，遺伝子の変異の多くは偶然に集団に固定されたとしたため，自然選択を重視する生物学者との論争を巻き起こした。しかし，1981 年になり，宮田隆と安永輝雄による論文および李文雄，五條堀孝と根井正利による論文で，機能しなくなった遺伝子（偽遺伝子）の塩基配列が，機能している遺伝子よりもずっと速い速度で変化していることが報告された。中立説からは，機能している遺伝子の塩基配列の変化はその機能を失わないものに限定され，偽遺伝子ではそのような制限がないため塩基配列はより速い速度で変化すると予想される。しかし，自然選択説からは，偽遺伝子には選択が起こらないため塩基配列は変化しないと予想される。このように 2 つの説からの予測は正反対で，事実と合っていたのは中立説であった。現在では，生物の進化は中立説を中心とした中立進化論によって理解と説明がなされるようになった。木村は日本でただ 1 人，1890 年から隔年で続いている英国王立協会の「ダーウィン・メダル」を受賞している。

演習問題：遺伝子 DNA の点変異がタンパク質のアミノ酸配列に影響を及ぼさないことがありますがその事例を簡潔に説明してください。

コラム

次世代シーケンサーと種の系統樹

　21 世紀に入るまで，クローニングされた DNA 断片のそれぞれについて反応と解析を行うことで塩基配列は決定されていた。そのため，ヒト全ゲノム塩基配列の決定には 13 年間を必要とした。しかし，21 世紀になると，配列決定反応の工夫と検出器の高感度化によって，数千万以上の異なる DNA 断片の塩基配列を 1 つの反応溶液中で決定できる次世代シーケンサーが開発され，ヒト全ゲノム塩基配列をわずか数日間で決定できるようになった。

　この次世代シーケンサーを利用して，様々な生物種の全ゲノム配列が次々と決定されている。その結果，種の系統関係を，(1) 複数の遺伝子について，(2) 多数の種間で，(3) 遺伝子の染色体上配置にも注目して解析することが可能になり，信頼性の高い種の系統樹が作成されている。

5 エントロピーの増大にあらがう生命

5.1 はじめに

「物質代謝の本質は，生物体が生きているときにはどうしてもつくり出さざるをえないエントロピーを全部うまい具合に外へ棄てるということにあります。」（シュレーディンガー著，「生命とは何か」，1951）

生物の活動は，細胞内の小分子による生化学反応により行われる。反応は化学反応と同様に電子のやり取りで起こり，その反応にはエネルギーが必要である。反応は外界（細胞外）との相互作用で成り立っており，外界からエネルギー（太陽エネルギー）や物質（食物）の流れを受け，細胞内の代謝反応により進行する。酵素を中心とする代謝反応は物理と化学の基本法則により支配されている。本章では，熱力学の基本的な考え方を学び，生体で行われる代謝に関して，エネルギーの流れを通して考えられるようにしたい。

〈非平衡熱力学，特に散逸構造の研究〉　ノーベル化学賞（1977）

イリア・プリゴジン（Prigogine, I., 1917-2003）

　コップの中のお湯は，熱エネルギーをもっているが，冷ますにつれ外界の温度まで下がり，保有するエネルギーが低下する。エネルギーはコップの周囲にばらまかれることにより，外界のエントロピーは増大し，その過程は不可逆である。プリゴジンは，開放系でエネルギーが散逸する過程において，自己組織化により発生した定常的な構造が保たれることを提唱した。例えば，鳴門の渦潮のように，一定の潮の流れという入力があるときに渦巻きという構造が保たれる現象をさす。1984 年，"Order out of Chaos: Man's New Dialogue with Nature（混沌からの秩序）"をルポライターとの共著で出版し，この考えの啓蒙に努めた。開放系の生命も，内部と外部のエネルギーのやり取りを通してエントロピーが増大せず，定常な状態を保つことができる。

Keyword

醗酵，酵素，酵母，基質，酵素反応速度論，ギブス自由エネルギー，エントロピー，動的定常状態，エネルギー保存則，エンタルピー，標準ギブス自由エネルギー，活性化エネルギー，触媒作用，酵素−基質複合体，基質特異性，立体特異性，反応特異性，至適温度，至適 pH，補酵素，補欠分子族，ミカエリス定数，ミカエリス・メンテンの式，ラインウィーバー・バークプロット，同化，異化

5.2 エントロピーと生命にかかわる科学史

5.2.1 酵素の発見から酵素反応速度論まで

　生命活動は，細胞内の生化学反応により行われているが，それは物理と化学の基本法則に支配されている（表5.1）。生体内の化学反応を触媒する物質については，1833年にフランスの化学者ペイヤン（Payen, A., 1795-1878）が，麦芽抽出物からデンプンを加水分解してグルコースに変換するジアスターゼを発見したことから，その存在が知られるようになった。1876年，ドイツの生理学者キューネ（Kühne, W., 1837-1900）は醱酵にかかわる未知の因子に対し，酵母の中（in yeast）という意味のギリシャ語（ενζυμον）より，酵素（enzyme）と命名した。さらに，1896年にドイツの化学者ブフナー（Buchner, E., 1860-1917）は，酵母を石英と珪藻土とともに乳鉢ですり潰し，濾過した抽出液に保存用のショ糖を入れたところ，泡が発生しだし，初めてアルコール醱酵を細胞外で再現することに成功した。その後，ドイツの生化学者ミカエリス（Michaelis, L., 1875-1949）とカナダの生化学者メンテン（Menten, M. L., 1879-1960）は，酵素と基質の結合は迅速に起こり，生成物に変換される反応は律速であるという仮定のもとに，酵素反応速度論を確立した（5.6節参照）。一方，1926年にはアメリカの化学者サムナー（Sumner, J. B., 1887-1955）により，尿素を加水分解する酵素ウレアーゼが結晶化され，酵素はタンパク質であることが証明された。

5.2.2 生命現象における熱力学とエントロピー

　酵素反応は化学反応と同様に物理量を用いて記述する熱力学で定義され，アメリカの数学者ギブス（Gibbs, J. W., 1839-1903）により確立されたギブス自由エネルギーの概念に基づき，その変化で考えることができる（5.3節参照）。ドイツの物理学者クラウジウス（Clausius, R. J. E., 1822-1888）はエントロピーの

表5.1　エントロピーと生命に関連する科学史

西暦	科学者	史実
1833	アンセルム・ペイヤン	麦芽抽出物からデンプンを分解するジアスターゼを発見
1876-1878	ウィラード・ギブス	「不均一な物質系の平衡について」を発表し，熱力学量を初めて記述
1876	ウェルヘルム・キューネ	醱酵にかかわる因子を「酵素」と命名
1896	ルドルフ・クラウジウス	エントロピー概念の提唱
1896	エドゥアルト・ブフナー	酵母抽出液によるアルコール発酵の再現
1913	レオノール・ミカエリス モード・レオノーラ・メンテン	ミカエリス・メンテンの式の発表
1926	ジェームズ・サムナー	尿素を加水分解する酵素ウレアーゼを初めて結晶化し，酵素がタンパク質であることを証明
1944	エルヴィン・シュレーディンガー	著書「生命とは何か」での，生物と負のエントロピーに関する推論

概念を導入し，熱力学第一法則と第二法則を定式化した。一方，オーストリアのシュレーディンガー (Schrödinger, E., 1887-1961) は物理学者の立場から生命の反応を考察し，外界のエネルギーを必要とする生命は，細胞の中で増大するエントロピーをうまく外に棄てると推論した。その考えは，プリゴジンの散逸構造に結びつき，開放系の生命は外界とのやり取りで平衡状態を保つという結論に至った。

5.3 生化学反応と熱力学

5.3.1 生体におけるエネルギーの流れ

まず，生化学反応を規定する物理法則について考える。細胞は外部のエネルギー源（食物や光合成生物は光エネルギー）を細胞内に摂取し，異化によりエネルギーを獲得して，同化により必要とされる生体高分子の合成などの生命活動を行う。その際のエネルギー変化を扱う物理学が熱力学である。図 5.1 に同化と異化の生体反応とエネルギーの流れを示す。地球上の生物はこのエネルギーの流れを通して，生命活動を行っているが，細胞内でのエネルギー通貨の ATP や電子伝達体である NADH を含む生体分子の濃度は一定に保たれており，これを動的定常状態 (dynamic steady state) にあるという。

5.3.2 熱力学の第一法則と第二法則と生命活動

次に，エネルギーの流れに関する物理法則について考える。熱力学の第一法則はエネルギー保存則である。この法則は，エネルギーの形態は変化しても宇宙の総エネルギーが一定に保たれることを示している。これは，細胞がエネルギーを獲得して生命反応を行う際に，外界とのエネルギーのやり取りでエネルギー源が有機物質から廃棄物に変化しても，総エネルギー量は変化しないということである。

熱力学第二法則はエントロピー増大の原理である。エントロピーは乱雑さと無秩序さを表す物理量であり，エントロピーの増大は不可逆的であるため，宇宙のエントロピーは増大を続けるというものである。例えば，氷は秩序ある固

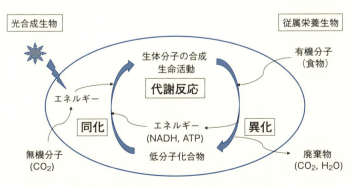

図 5.1 同化と異化の反応とエネルギーの流れ

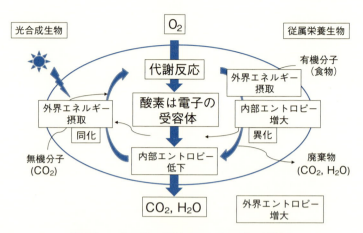

図 5.2 エネルギーの流れとエントロピーの流れ

体であるが，溶けて水になると形がなくなり，乱雑で無秩序になる。これはエントロピーが増大したことを表している。このエントロピーの増大は，生物の秩序を乱すことになり，それは生物の死を意味することになる。生物は，図 5.2 に示すように外界からエネルギーを摂取することによって細胞内のエントロピーは増大する。しかし，代謝反応によって酸素が電子受容体となることによって外界にエントロピーを廃棄するという反応を行っている。このように外界との反応を通して定常状態を保つことは，プリゴジンが提唱した，散逸構造が生命活動に当てはまることを意味している。

5.3.3 代謝反応とギブス自由エネルギー

さらに，代謝反応でエネルギーを獲得する反応について考える。この反応は，熱力学におけるエネルギー変化によって考えることができる。

ギブス (Gibbs, J. W., 1839-1903) は，閉鎖系のギブス自由エネルギー (G) 変化の総和は，エンタルピー (H) 変化，エントロピー (S) 変化，絶対温度 T によって定義されることを示した。ここで，エンタルピーは発熱と吸熱を表す状態量であり，エンタルピーの変化とエントロピーの変化の差がギブス自由エネルギーの変化となる。

$$\Delta G = \Delta H - T\Delta S \tag{5.1}$$

ここで，生化学反応における生成物と反応物のギブス自由エネルギーがわかっていれば，ギブス自由エネルギーの変化は式 (5.2) で計算できる。

$$\Delta G_{反応} = \Delta G_{生成物} - \Delta G_{反応物} \tag{5.2}$$

$\Delta G_{反応}$ が負の値のときは，$\Delta G_{生成物}$ が小さいことを意味し，対象とする過程は自発的に起こる傾向にある。このことについては，酵素反応を考える際に必要となる。

5.4 酵素反応と標準ギブス自由エネルギーの変化

5.4.1 標準ギブス自由エネルギーの変化とは

標準ギブス自由エネルギーの変化 ΔG^0 とは，標準状態（1気圧，25℃，pH7.0）の条件下での自由エネルギー変化である。ほとんどすべての生化学過程は可逆的であり，式(5.3)で示される。

$$A + B \underset{k_{-1}}{\overset{k_1}{\rightleftharpoons}} C + D \tag{5.3}$$

ここで，k_1，k_{-1} は反応速度定数とよばれ，反応速度論から，K_{eq} を平衡定数と定義すると式(5.4)で表される。

$$\frac{k_1}{k_{-1}} = \frac{[C][D]}{[A][B]} = K_{eq} \tag{5.4}$$

このとき，ギブス自由エネルギーと標準ギブス自由エネルギーとの関係は，

$$\Delta G = \Delta G^0 + RT \ln \frac{[C][D]}{[A][B]} \tag{5.5}$$

で表される。ただし，R は気体定数 (8.314 J・K^{-1}・mol^{-1})，T は絶対温度 (K) である。平衡状態では反応に変動がないと考えることができるので，

$$\Delta G^0 = -RT \ln K_{eq} \tag{5.6}$$

となる。K_{eq} は実験的に求めることができることから，式(5.6)を用いれば生化学的な各反応における ΔG^0 を求めることができる。

5.4.2 活性化エネルギー障壁と酵素反応

化学反応中のエネルギー変化は，図5.3のように反応物は遷移状態を経て生成物へと変換される。このとき，**活性化エネルギー** $\Delta G^{\ddagger}$ を超えなければならない。

$\Delta G^{\ddagger}$ の障壁を乗り越えるには，エネルギーを加えなければならないが，生体内での反応に大きなエネルギーを加えることは困難である（図5.4）。このとき酵素は反応を促進する触媒として働く。一般的に，触媒は活性化エネルギーを

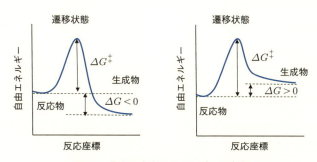

図 5.3 化学反応中のエネルギーの変化

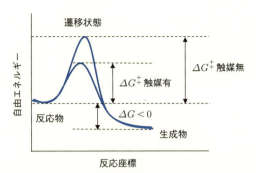

図 5.4 触媒の有無による化学反応中のエネルギーの変化

低下させる効果があるが，酵素は**触媒作用**を受ける基質との間に，**酵素－基質複合体**(enzyme-substrate complex，ES 複合体)を形成して遷移状態を補完する反応場を提供し，活性化エネルギーを低下させる。化学反応における触媒は外部からエネルギーを与える必要があるが，酵素反応では反応場での電子の移動で反応が進行する。また，化学触媒と異なり**基質特異性**が高い。

5.5 酵　　素

5.5.1 酵素とは

　生化学は酵素の研究とともに発展してきた。酵素とは，ギリシャ語の "in yeast"(酵母の中で)に由来しており，1833 年のペイヤンによる麦芽抽出物からのジアスターゼの発見に始まり，1850 年代には，パスツール(1 章参照)が糖のアルコールへの変換は酵母によることを確認し，19 世紀末，ブフナーは酵母抽出液を用いてアルコール醗酵を再現することに成功した。これらの発見の後，様々な生化学反応を触媒する酵素が同定された(5.2 節参照)。これまでに単離された酵素のほとんどはタンパク質であるが，触媒作用をもつリボ核酸(RNA)であるリボザイムもある。

5.5.2 酵素の特性

　酵素は基質に対して，① 1 種類の立体異性体に反応する(**立体特異性**)，② 1 つの化学反応を触媒する(**反応特異性**)，という特性をもつ。これらの性質は，酵素の触媒部位がそれぞれの基質に対して特異な構造をもつことに由来している。それは，「鍵と鍵穴」に例えられている。
　また，酵素反応には最適な温度と最適な pH があり，それぞれ**至適温度**，**至適 pH** とよばれている。哺乳類などの恒温動物の酵素は，体温と中性付近が最も至適な条件であるが，微生物の中には，80℃を超える超好熱性や，pH 5 以下の好酸性，pH 9 以上の好アルカリ性など，特殊な環境を好んで生息する性質を示す極限環境微生物とよばれる微生物群が存在する(コラム参照)。それらの微生物は，生息する特殊な環境で働く酵素をもっており，それらの酵素

は，高温や酸性，アルカリ性の条件で最もよく働く性質をもつ。

5.5.3　酵素の命名法と分類

命名法には一定の規則があり，アルコールデヒドロゲナーゼ（アルコール脱水素酵素，alcohol dehydrogenase）は，基質をアルコール（alcohol）として水素（hydrogen）を除く（de）酵素（ase）である。

alcohol　　　de　　　hydroge　　　ase

基質　　　脱　　　水素　　　酵素

酵素の分類は，国際生化学分子生物学連合により EC 番号（Enzyme Commission Number）として反応のタイプにより分類されている（表 5.2）。

アルコール脱水素酵素の EC 番号は「EC 1.1.1.1」であり，最初の番号が大分類の番号である。大分類は「1」であるので「酸化還元酵素」に属している。

酒造りは古くから行われているが，日本酒の場合は，お米と麹（こうじ）菌によりアルコール醗酵が行われている。まず，お米のでんぷんは麹菌から分泌されたアミラーゼ（α-アミラーゼ，グルコアミラーゼ，α-グルコシダーゼなど）によりグルコースまで加水分解される。α-アミラーゼの EC 番号は「EC 3.2.1.1」で動物の唾液や膵液に含まれる消化酵素と同じである。麹菌に取り込まれたグルコースは，図 5.5 に示すように，解糖系を経てピルビン酸から 2 段階の反応によりエタノールまで代謝される。最初の段階で脱炭酸反応により CO_2 が発生するので，醗酵していることが確認できる。次の段階でアルコール脱水素酵素の逆反応により，アセトアルデヒドからエタノールが産生される。この反応で，解糖系にて生じた NADH が酸化されて NAD^+ となり再利用される。

以上のように，日本酒の製造過程では大分類で示される 6 種類のうち，5 種類が醗酵にかかわっている。6 番目の連結酵素（リガーゼ）は ATP の高エネル

表 5.2　酵素の国際分類

番号	大分類	触媒する反応
1	酸化還元酵素 オキシドレダクターゼ	酸化還元反応（脱水素酵素，酸化酵素，酸素添加酵素，還元酵素など）
2	転移酵素 トランスフェラーゼ	官能基の転移反応
3	加水分解酵素 ヒドロラーゼ	加水分解反応
4	除去付加酵素 リアーゼ	結合の開裂を触媒し二重結合を形成する，官能基を二重結合に付加する
5	異性化酵素 イソメラーゼ	単一分子内で官能基を転移し異性体を生成
6	連結酵素 リガーゼ	ATP などの加水分解と共役して 2 個の分子を結合させる

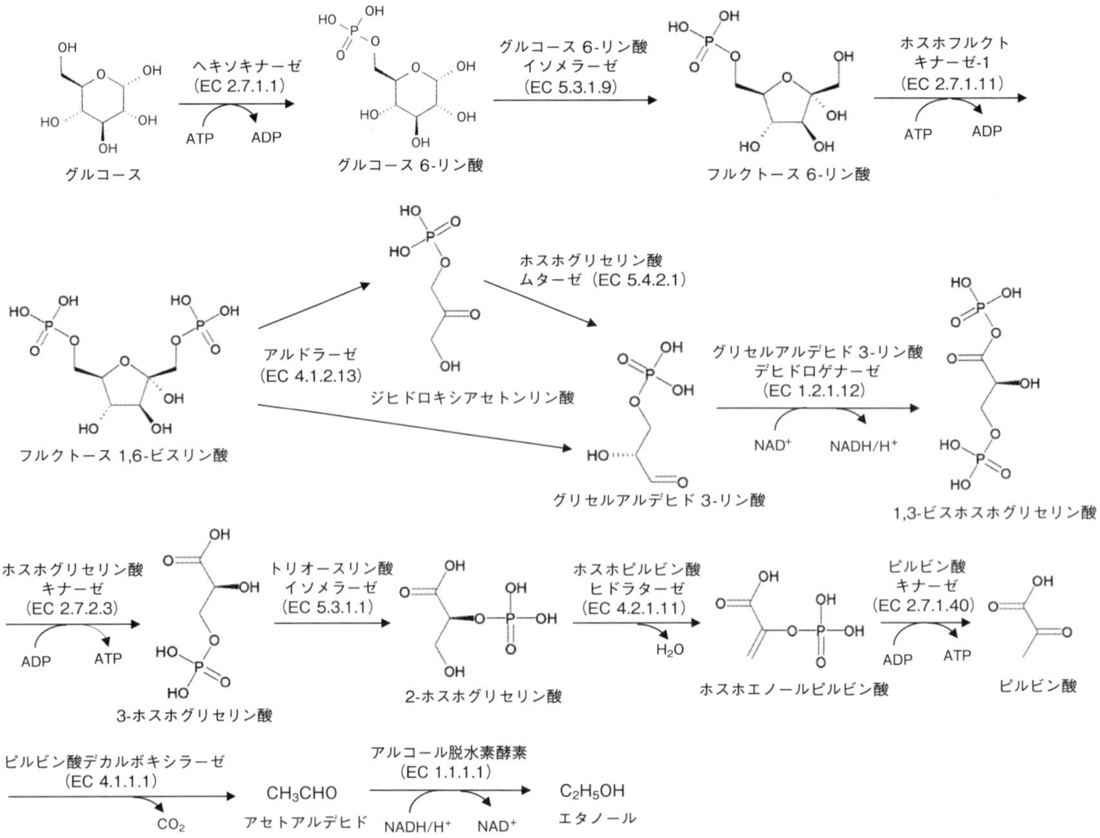

図5.5 アルコール醗酵の代謝経路

ギー結合を利用して，生体高分子などの生合成に使われている。例えば，遺伝子の複製にかかわる DNA リガーゼ（EC 6.5.1.1）や tRNA にアミノ酸を結合させるリガーゼなどがある。

　物質を酸化するには，酸素を添加するか，脱水素するかの化学反応がある。1950 年までは，生体内で起きる酸化反応は，物質から水素がとられる脱水素反応であると考えられていた。当時，米国国立衛生研究所（NIH）で研究していた早石修（Hayaishi, O., 1920-2015）は，微生物がトリプトファンを代謝する過程で，空気中の酸素が取り込まれることを発見し，^{18}O で標識した酸素分子を用いて，これを分子内に添加する酵素の存在を証明した［*J. Biol. Chem.*, 229:889-896（1957）］。早石はこの酵素を酸素添加酵素（オキシゲナーゼ）と名づけた。オキシゲナーゼは，生物に普遍的に存在し，アミノ酸や脂質，毒物の代謝などにも重要な役割を果たしていることが後の研究で明らかになった。

5.5.4 酵素反応の特徴

　生化学反応は可逆であり，式（5.3）で表されることは前に述べた。酵素反応は，化学反応と異なり，酵素が活性化エネルギーを低下する触媒として働き，

触媒作用を受ける基質を活性部位に結合することによって反応が開始する。そのとき，酵素 (E) と基質 (S) が結合し，ES 複合体 (ES) を形成する。酵素反応の最大の特徴はこの中間体の形成であり，1962 年，八木國夫 (Yagi, K., 1919-2003) らは，世界で初めて ES 複合体の結晶化に成功している [*Nature*, 193: 483-484 (1962)]。

活性化エネルギーの低い場を提供する ES 複合体は一過的に形成され，触媒作用ののち生成物 (P) が生成して解離する。酵素反応も化学反応と同様に，速度式を用いて式 (5.7) のように数学的に記述することができる。

$$E + S \underset{k_{-1}}{\overset{k_1}{\rightleftharpoons}} \underset{\boxed{ES\ 複合体}}{ES} \overset{k_2}{\longrightarrow} E + P \tag{5.7}$$

酵素反応の速度式を扱う学問分野は，酵素反応速度論として知られている。酵素反応速度論を知ることによって，対象とする酵素の性質がわかるだけではなく，酵素を用いた物質生産に解析結果を応用することができる。

5.5.5 酵素反応に必要とされる補因子

酵素反応では，補因子という別の化学物質が触媒反応に関与することが多い。補因子には，必須イオンと補酵素があり，必須イオンには Cu^{2+}，Fe^{2+}，Mg^{2+}，Mn^{2+}，Zn^{2+} などの金属イオンがあり，補酵素にはビタミンを前駆体とする補酵素 A (CoA)，ニコチンアミドアデニンジヌクレオチド (NAD^+)，フラビンモノヌクレオチド (FMN) などがある。補酵素や金属イオンのうち，酵素と共有結合あるいは強固に非共有結合している場合は，それらを補欠分子族とよぶ。

5.6 酵素反応速度論

酵素反応を考える場合，まず，生成物の生成速度に注目する。ここでは，単純化するため一般的な条件として基質濃度が酵素濃度より非常に大きい場合を考える。酵素反応時間と生成物濃度の関係を実験的に調べると，図 5.6 のように時間が経つにつれ，基質量が減少するので反応速度は低下する。ここで，ある基質濃度における酵素反応の速度を求めるのは実験開始直後とし，それを初速度という。

$$初速度 = v_0 = \frac{\Delta P}{\Delta t} \tag{5.8}$$

初速度は基質濃度に比例し，図 5.6 では，$S_2 = 2S_1$ のとき初速度の関係は $\frac{\Delta P_2}{\Delta t} = 2\frac{\Delta P_1}{\Delta t}$ となる。

また，酵素濃度を一定にして，基質濃度を変えながら生成物濃度を経時的に測定し，それぞれの基質濃度における初速度を計算してみる。その結果から酵素触媒反応における初速度に対する基質濃度の影響をプロットすると，図 5.7

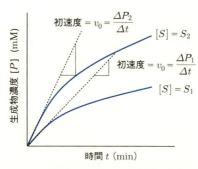
図 5.6 酵素反応時間と生成物濃度の関係

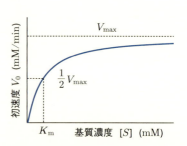
図 5.7 初速度に対する基質濃度の影響

のようになる。反応速度は基質濃度に大きく依存し，基質濃度が大きくなると酵素と飽和してそれ以上基質濃度を高くしても反応速度はほとんど変わらない状態になり，最大速度である $v_0 = V_{max}$ に近づく。

図 5.7 は，酵素共通の形であり，直角双曲線の一般式で表すことができる。1913 年にミカエリスとメンテンによって，酵素反応の一般式 (5.9) として提案された。

$$v_0 = \frac{V_{max}[S]}{K_m + [S]} \quad (5.9)$$

ここで，K_m はミカエリス定数として定義される。

次に，式 (5.9) の誘導法の 1 つである，定常状態における誘導法を考えてみる。酵素反応は式 (5.7) で表すことができる。ここで，基質濃度は酵素濃度より非常に大きい $[S] \gg [E]_{total}$ と仮定する。また，反応速度は ES の濃度と反応速度定数 k_2 に依存することから，

$$v_0 = k_2[ES] \quad (5.10)$$

と考えることができる。ここで，全酵素量を $[E]_{total} = [E] + [ES]$ と考えると，$[ES]$ の形成速度：$k_1([E]_{total} - [ES])[S]$，$[ES]$ の分解速度：$(k_{-1} + k_2)[ES]$ で記述できる。また，定常状態では，$[ES]$ の形成速度と分解速度が等しくなることから，

$$k_1([E]_{total} - [ES])[S] = (k_{-1} + k_2)[ES] \quad (5.11)$$

と考えることができる。式 (5.11) を $[ES]$ について解くことで，初速度を求めることができる。ここで，

$$K_m \equiv \frac{k_{-1} + k_2}{k_1} = \frac{([E]_{total} - [ES])[S]}{[ES]} \quad (5.12)$$

とおき，この K_m をミカエリス定数と定義する。ミカエリス定数は結合と解離の比と考えることができるが，この定義は実験的にも妥当であることは後に述べる。式 (5.10) の v_0 を求めるため，式 (5.12) を $[ES]$ について解くと，

$$[ES] = \frac{[E]_{\text{total}}[S]}{K_m + [S]} \tag{5.13}$$

式 (5.13) を式 (5.10) に代入すると，

$$v_0 = k_2[ES] = \frac{k_2[E]_{\text{total}}[S]}{K_m + [S]} \tag{5.14}$$

となる。酵素濃度が最大の $[E]_{\text{total}}$ のときに反応速度は最大 ($V_{\max}$) となると考えられるから，

$$V_{\max} = k_2[E]_{\text{total}} \tag{5.15}$$

である。式 (5.15) を式 (5.14) に代入して，

$$v_0 = \frac{V_{\max}[S]}{K_m + [S]} \tag{5.16}$$

が得られる。これが**ミカエリス・メンテンの式**である。この式は，理論的に導き出されたものであるが，実験結果をよく説明できる。

ここで，$v = \frac{1}{2}V_{\max}$ にするときの $[S]$ を求めてみよう。

$$v = \frac{1}{2}V_{\max} = \frac{V_{\max}[S]}{K_m + [S]} \tag{5.17}$$

$$\therefore \quad [S] = K_m$$

この結果から，K_m の値は $\frac{1}{2}V_{\max}$ の基質濃度に対応することがわかる。このことは，図 5.7 のように K_m が実験的に求められることを意味し，ミカエリス定数は実用的にも有効であることを示している。

5.7　ラインウィーバー・バークプロットからの K_m と $V_{\max}$ の算出

ここでは，ミカエリス・メンテンの式 (式 (5.17)) から，酵素反応の基礎データとなる K_m と $V_{\max}$ を求める方法を考える。式 (5.17) の逆数をとると

$$\frac{1}{v_0} = \frac{K_m + [S]}{V_{\max}[S]} = \underset{\text{傾き}}{\frac{K_m}{V_{\max}}}\frac{1}{[S]} + \underset{y \text{切片}}{\frac{1}{V_{\max}}} \tag{5.18}$$

となり，式 (5.18) から $1/v_0$ を $1/[S]$ に対してプロットすれば，図 5.8 のように直線関係が得られ，外挿した x 軸，y 軸との交点が，それぞれ $-1/K_m$，$1/V_{\max}$ となることがわかる。これを**ラインウィーバー・バークプロット** (Lineweaver-Burk plot) という。この図から，基質濃度 $[S]$ を変えて酵素反応を行い，図 5.6 のように初速度 $[v_0]$ を測定すれば，その結果からラインウィーバー・バークプロットを作成して K_m と $V_{\max}$ を求めることができるのがわかる。このように，酵素反応速度論を用いれば，酵素の性質をある程度推測することができる。

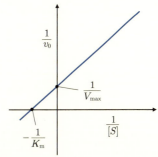

図 5.8　ラインウィーバー・バークプロット

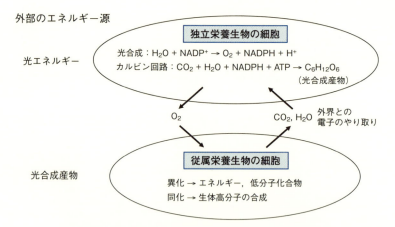

図 5.9 地球上における生物間でのエネルギーのやり取り

5.8　地球上における生物間でのエネルギーのやり取り

　これまで，生命のエネルギーの流れと代謝を触媒する酵素に関して説明してきた。ここでは，地球上における生物間のエネルギーのやり取りに関して考えてみる。図 5.1 にあるように，地球上の生物は，外界からエネルギーと食物を摂取し，それを用いて代謝を行い，同化と異化を通じてエネルギーの獲得と生体分子の合成，生命活動を行っている。その際，異化は外界から摂取した有機分子（食物）を分解して低分子化し，エネルギーを獲得する。同化は細胞の維持と増殖に必要な生体分子を合成し生命活動を行う。外界から得られる資源の消費と廃棄という，外界とのエネルギーのやり取りにより，細胞は動的定常状態を保っている。

　次に，次章で扱う光合成との関係で，外界との相互作用を考えてみる。図 5.9 に示すように，独立栄養生物である植物や藻類は，二酸化炭素と水を消費して，光合成で酸素，カルビン回路で有機物を生成する。それをエネルギー源として従属栄養生物は酸素と有機物を消費して生命活動を行っている。その際，酸素は電子の受容体として廃棄物である二酸化炭素と水に変換され，細胞内のエントロピー増大を防いでいる。廃棄された二酸化炭素と水は植物により消費され，資源が循環していく。このように，地球上では太陽からの光エネルギーをもとに，すべての生物が外界との相互作用を通して生きていることになる。しかし，14 章で考える全地球的気候変動により，この相互作用に影響が生じ生物多様性に危機が生じている。

演習問題：興味をもっている生命現象を例にあげ，エントロピーの観点から，その現象を説明してください。

5.8 地球上における生物間でのエネルギーのやり取り　　　　　　　　　　　　　　61

コラム

日本人が発見した酵素とその製品化

　日本では，古くから醗酵食品が食され，味噌，醤油，酢，酒，納豆，漬物，鰹節など多くの食品が微生物の醗酵を利用してつくられてきた。酵素の発見とその作用の解明は，ヨーロッパを中心に研究されてきたが，日本においては，醗酵食品の伝統と，微生物の利用を通して，様々な酵素が発見され身近に利用されてきた。酵素利用の先駆けは，高峰譲吉 (Takamine, J., 1854-1922) で，コウジカビを利用したアルコール製造法を発明し，アメリカで事業を興した先駆者である。1894 年，高峰は植物から抽出したジアスターゼから，消化薬「タカジアスターゼ」の特許を取得し，翌年からアメリカで販売した (日本では 1899 年から販売)。1914 年には酵素販売を事業化したタカミネ・ラボラトリー社を設立した。この頃，後にストレプトマイシンの発見でノーベル賞を受賞したワックスマン (Waksman, S. A., 1888-1973) も一時期働いていた。

　工業用酵素としては，洗剤用酵素が私たちの生活で欠かせないものとなっている。この酵素は，極限環境微生物という分野の先駆者である堀越弘毅 (Horikoshi, K., 1932-2016) の好アルカリ性菌の発見に始まる。特に，アルカリセルラーゼはセルロース繊維を分解する酵素であるが，繊維を柔らかくして汚れが落ちるということで，現在ほとんどの家庭用洗剤に使用されている。

　一方，研究に利用されている酵素としては，今中忠行 (Imanaka, T., 1945-) が鹿児島県の小宝島の硫気孔から単離した，80℃以上の高温で生育する超好熱性古細菌 KOD1 株由来の耐熱性 DNA ポリメラーゼ (KOD DNA ポリメラーゼ) が知られている。この酵素は複製エラーの少ない DNA 合成が可能であることから，世界中の多くの研究機関で使われている (PCR 法，8 章，8.4.3 項参照)。

6 無限のエネルギーを生み出す光合成

6.1 はじめに

2章で細胞の中の核の有り無しによって生物を大きく2つに分けられることを学んだが，エネルギーの獲得方法によっても大きく2つに分けることができる。私たち人間をはじめとして，動物や原生生物そして多くの微生物は糖などの有機物を栄養として細胞内に取り込んで，それを原料としてエネルギーを作り出す。そのような生物を従属栄養生物（ヘテロトローフ，heterotroph）という。それに対し，何らかのエネルギーを利用して無機物である二酸化炭素から糖を作り出す能力をもつ生物のことを独立栄養生物（オートトローフ，autotroph）という。植物は光のエネルギーを使って二酸化炭素を固定する（光合成）。同じように光合成を行うバクテリア（光合成細菌）もいるし，光以外のエネルギーを使って二酸化炭素を固定する化学合成細菌も存在する。地球上に存在する有機化合物のほとんどはこれら独立栄養生物が二酸化炭素から合成し

〈植物における二酸化炭素同化の研究〉　ノーベル化学賞（1961）

　　メルヴィン・カルヴィン（Calvin, M., 1911-1997）

　植物が光照射下で水と二酸化炭素を取り込み，成長して酸素を出すことは古くから知られていた。カリフォルニア大学バークレー校のメルヴィン・カルヴィンはアンドリュー・ベンソン（Benson, A. A., 1917-2015），ジェームズ・バッシャム（Bassham, J. A., 1922-2012）とともに光合成における炭素の流れを明らかにした。どのようにして二酸化炭素からの炭素の流れを明らかにしたのだろうか。現在でも炭素代謝を解析する際によく用いられる放射性同位元素を用いたトレーサー実験を世界で初めて生化学に導入したのである。カルヴィンらは放射性同位元素 ^{14}C でラベルした二酸化炭素を緑藻に与え，秒単位で熱アルコール抽出物を作成し，ペーパークロマトグラフィーで化合物を同定した。^{14}C を含む化合物は X 線フィルムを感光させるので時間とともに合成される化合物を決定することができる。カルヴィンらは反応開始5秒には ^{14}C のほとんどが 3-ホスホグリセリン酸のカルボキシル基に移行していることを明らかにしたのである。

Keyword

光合成，クロマトグラフィー，クロロフィル（葉緑素），カルビン・ベンソン回路（カルビン回路），葉緑体，ストロマ，チラコイド，光電子伝達系，光化学系 II，光化学系 I，光リン酸化，暗反応，明反応，ルビスコ，二酸化炭素固定，二酸化炭素濃縮，気孔，ホスホエノールピルビン酸，シアノバクテリア，バイオマス

たものが出発原料となっているのである。本章では，植物の光合成を中心に，
生物がいかに効率よく有機物を作り出すかをみていくことにする。

6.2　光合成にかかわる科学史

　20世紀半ばは細胞内で起こっている物質代謝を化学的に解析する「生化学」
の黎明期である。1932年にTCAサイクルの発見者として有名なハンス・クレ
ブス（Krebs, H. A., 1900-1981）は実はTCAサイクルよりも数年早く，生化学史
上最初の「回路」である尿素サイクルを発見している。本章で少し詳しく学ぶ
が，物質代謝が直線的な場合を「経路」といい，何段階かの反応を経てもとの
物質に戻るような代謝を「回路」という。いずれにしても物質代謝はある物質
から別の物質へ，またそこから別の物質へと変換されていく一連の酵素化学反
応であるので，反応前後の物質を同定することは重要である。

6.2.1　光合成の発見の歴史

　スイスの植物生理学者，ド・ソシュール（de Saussure, N. T., 1767-1845）
は，」光をあててソラマメを石の上で生育させ，二酸化炭素が空気から植物に
取り込まれていることを証明した。また，二酸化炭素がないと植物が枯れてし
まうこと，取り込まれた二酸化炭素と水により植物の重量が増すことを明らか

表 6.1　光合成に関連する科学史

西暦	科学者	史実
1804	ニコラ・テオドール・ド・ソシュール	植物の成長に二酸化炭素と水が必須であることを発見
1817	ジョゼフ・ビャンネメ・カヴェントウ　ピエール・ジョセフ・ペルティエ	単離した植物色素をクロロフィルと命名
1842	ユリウス・ロベルト・フォン・マイヤー	光による植物の成長では光エネルギーを化学エネルギーに変換していると提唱
1862	ユリウス・フォン・ザックス	日光による葉緑体でのデンプン生合成を発見
1893	チャールズ・リード・バーネス	植物の葉緑体における光照射反応に対し「光合成」という語を提案
1903	ミハイル・セミョーノヴィチ・ツヴェット	クロロフィルの研究過程でクロマトグラフィーの方法を発明（クロマトグラフィーという名称は1906年に提唱）
1915	リヒャルト・マルティン・ヴィルシュテッター	ペーパークロマトグラフィーを開発し，クロロフィルの研究でノーベル化学賞を受賞
1955	メルヴィン・カルヴィン　アンドリュー・ベンソン　ジェームズ・バッシャム	カルビン・ベンソン回路を発見
2003	蘆田弘樹，横田明穂	メチオニン代謝経路のエノラーゼがルビスコの祖先である可能性を示した

にし，1804年，「植物の化学的研究」として発表した。1842年，ドイツの物理学者，フォン・マイヤー (von Mayer, J. R., 1814-1878) は，日光が当たる場所で植物が二酸化炭素と水が取り込み成長するのは，この過程で光エネルギーを化学エネルギーに変換しているためであると提唱した。1862年，ドイツの植物生理学者，フォン・ザックス (von Sachs, J., 1832-1897) はヨウ素液を用いて葉緑体にある白い粒がデンプンであることを証明し，これが二酸化炭素と水からつくられる初期産物であることを発見した。アメリカの植物学者バーネス (Barnes, C. R., 1858-1910) は，1893年のアメリカ植物生物学会で，植物での光によるデンプンの同化現象に対し，「光合成 (photosynthesis)」という語句を使うよう提案した。その後，この言葉はこの分野で一般に用いられるようになった。

6.2.2 クロロフィルの分離と構造解析

1817年，フランスの薬剤師，カヴェントゥ (Caventou, J. B., 1795-1877) とフランスの化学者，薬学者ペルティエ (Pelletier, P. J., 1788-1842) は植物色素を単離し，クロロフィル (chlorophyll, 葉緑素) と名づけた。表 6.1 に示すように，光合成の研究において，重要な実験手法が開発，あるいは最新技術が導入された。ロシアの植物学者，ツヴェット (Tswett, M. S., 1872-1919) は植物色素であるクロロフィルを分離するために炭酸カルシウムを用いたカラムと溶媒を用いて，クロマトグラフィーという方法を開発した。命名も彼によるもので，クロマ (chroma) とはギリシャ語で"色"という意味であり，分離操作の過程で，様々な色素が分かれて帯状になったことに由来している。一方，ヴィルシュテッター (Willstätter, R. M., 1872-1942) はツヴェットの開発した方法でクロロフィルの分離を試したがうまく行かず，独自にペーパークロマトグラフィーを開発した。クロロフィルの構造解析を行い，1915年，その功績によりノーベル化学賞を受賞した。

6.2.3 光合成におけるカルビン・ベンソン回路の発見

上述のように，カルビンらはアメリカ原子力委員会から入手できるようになった ^{14}C を用いて，ペーパークロマトグラフィーにより，光合成で時間とともにつくられていく有機物を次々と同定した。1950年，13種類の炭素化合物からなるカルビン・ベンソン回路 (または単にカルビン回路) を発見した。

その時代の最新の手法を用いるというのはやはり自然科学の研究にとって重要である。21世紀の最新生化学においては，代謝中間体を網羅的に解析するメタボロミクスと，ゲノム情報から代謝経路を推定するバイオインフォマティクスによって物質代謝を明らかにする方法が主流になりつつある。

6.3 植物の光合成

6.3.1 光合成の場：葉緑体

植物における光合成は植物特有のオルガネラである葉緑体で行われる。2章で学んだように，ミトコンドリアと葉緑体は，進化的に元は原始原核細胞であったことから両オルガネラはよく似た構造をとっている（図6.1）。

内膜と外膜の2つの生体膜をもつことは細胞内共生説を支持する根拠の1つである。葉緑体の内膜が取り囲んでいる空間はストロマとよばれ，ミトコンドリアのマトリックス（7章，7.3.1項参照）に相当し，代謝にかかわる酵素が多数存在している。しかし，両オルガネラには重要な違いが1つある。それはチラコイドとよばれる扁平な袋構造が存在していることである。このチラコイドを形成する生体膜が第3の膜であり，光合成に必要な電子伝達系が存在する。つまり，ミトコンドリアは生体膜が2つ，膜に囲まれた空間が2つあるが，葉緑体はそれらが1つずつ多いことになる。

6.3.2 光からエネルギーが得られる仕組み：光電子伝達系

光合成によって最終的に得られるエネルギーはATPである。光エネルギーを生物学的エネルギーであるATPに変換する仕組みは，7章で学ぶ呼吸鎖におけるATP合成と非常によく似ていて，光電子伝達系が関与する（7章，7.3.1項参照）。

チラコイド膜には光を吸収する色素であるクロロフィルが含まれている。クロロフィルは光化学系とよばれる巨大タンパク質複合体を取り囲むように配置されている。葉緑体には光化学系が2つ存在するが，最初に関与するのは光化学系 II である。光によってクロロフィル分子内の電子が励起され，その励起エネルギーがクロロフィル分子に次々受け渡され，中心のタンパク質に集められる。光化学系 II の中心では最終的に励起された高エネルギー電子が飛び出して

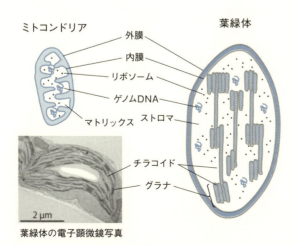

図 6.1　葉緑体とミトコンドリア

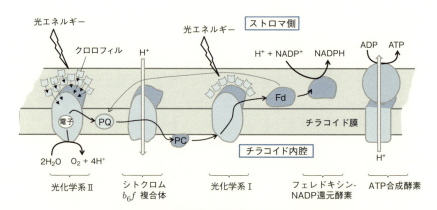

図 6.2　光電子伝達系による光エネルギーの変換

しまい，光合成独自の電子伝達系へと流れる（図 6.2）。その飛び出した電子は水が分解することによって補われ，結果として酸素（O_2）分子とプロトン（H^+）が生じる。

光化学系 II から出た電子はプラストキノン（図 6.2 の PQ，呼吸鎖のユビキノンに似ている）を経て，シトクロム b_6f という複合体に達し，このタンパク質複合体を通り抜ける際に，チラコイド膜内にあった H^+ がストロマ側へ汲み出される。その結果，膜内外のプロトン濃度勾配が生じ，これを駆動力として ATP 合成酵素によって ATP が合成されるのである。ミトコンドリアの呼吸鎖電子伝達系では複合体 I，III，IV と電子が通過するたびに H^+ を汲み出す場所が 3 か所あるが，光電子伝達系では上の 1 か所のみである。

その後，電子はプラストシアニン（図 6.2 の PC，銅を含む小さなタンパク質）を経て，光化学系 I に到達する。ここでも光化学系 II と同様の仕組みで光によってクロロフィル分子が励起され，飛び出した高エネルギー電子はフェレドキシン（図 6.2 の Fd，呼吸鎖にも存在する）へと流れる。呼吸鎖では最終的に電子は酸素に渡され水となるが，光電子伝達系ではフェレドキシン-NAD 還元酵素によって NADPH を生じて完結する。このような光電子伝達系を利用して ATP を合成することを，呼吸鎖の酸化的リン酸化と区別して光リン酸化とよぶことがある。

葉緑体は NADPH を生産せずに ATP を合成することも可能である。フェレドキシン-NADP 還元酵素に流れる予定の電子はプラストキノンに渡され，再び光化学系 I に戻される（図 6.2 の点線の流れ）。電子の流れが環状になるので，これを循環型光リン酸化という。つまり，NADPH を生産する代わりに ATP を合成するための循環経路であり，NADPH と ATP のどちらを多く必要とするかによって光電子伝達を調節しているのである。すべての植物は循環型，非循環型いずれの光リン酸化も行うが，一部のバクテリアは光化学系を 1 つしかもたず，循環型光リン酸化のみで ATP を合成することが知られている（6.4.1 項参照）。

6.3.3 二酸化炭素を固定して有機物をつくる：カルビン・ベンソン回路

光電子伝達系によって得られた ATP を使って，二酸化炭素という無機物から有機化合物を合成する。この合成自体には光は必要ないので，暗反応とよばれることがある。これに対して，光電子伝達系による ATP 合成を明反応という。暗反応は「回路」になっていることが明らかにされたカルビン回路である（ノーベル賞の囲み参照）。一般に，生物学的な回路とは，ある有機分子が受け手となる分子に取り込まれる炭素固定経路と，この炭素固定が連続して行われるように受け手となる有機分子を再生する経路が合わさったものである。

カルビン回路（図 6.3）において二酸化炭素は，まず炭素数 5（C_5）の受け手側の分子であるリブロース 1,5-ビスリン酸に取り込まれ，炭素数 3（C_3）の 3-ホスホグリセリン酸が 2 分子生じる。

この反応にはリブロース 1,5-ビスリン酸カルボキシラーゼ / オキシゲナーゼ（通称ルビスコ，RubisCO）によって触媒される（コラム参照）。名称に 2 つの酵素名が併記されているのが，カルボキシラーゼとは基質であるリブロース 1,5- ビスリン酸に二酸化炭素由来のカルボキシル基を導入する反応，オキシゲナーゼとは二酸化炭素ではなく酸素（O_2）を基質に添加してしまう反応である。このオキシゲナーゼ反応では，もちろん炭素は増えず，C_2 化合物と C_3 化合物が 1 つずつ生成する。これらの化合物は最終的には二酸化炭素へと酸化されるので，二酸化炭素から酸素が生じるという光合成の基本とは逆に，呼吸のように酸素から二酸化炭素が生じることになる。したがって，この反応を光呼吸という。この反応に意味があるのかはまだはっきりとはわかっていないが，光合成効率を低くしてしまうことは確かである。

ルビスコが触媒するカルボキシラーゼ反応には水が必ず必要で，植物が多量の水を必要とするのはこのためである。C_3 化合物はその後グリセルアルデヒド 3-リン酸となり，その一部はグルコースの合成に使われる。植物は合成したグルコースを貯蔵するためにデンプンを合成する（3 章参照）。グリセルアルデヒド 3-リン酸はいくつか集まることによって最終的に受けて分子であるリ

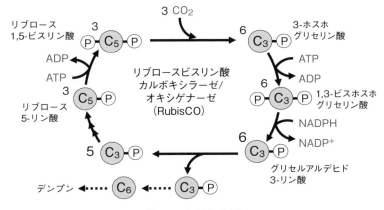

図 6.3 カルビン回路

ブロース 1,5-ビスリン酸となる。図 6.3 のように各化合物に係数を加えるとわかりやすい。3 分子の二酸化炭素から 6 分子の C_3 が生じ，そのうち 1 分子はグルコースの合成に使用され，残り 5 分子（$5 \times C_3$）から 3 分子の C_5 が再生される。カルビン回路においてはそれぞれのステップを触媒する酵素の外に ATP と NADPH が必要となるが，これらは光電子伝達系で生じたものを利用する。

6.3.4 二酸化炭素をさらに有効利用するための機構：二酸化炭素濃縮機構

大気中の二酸化炭素（CO_2）は水に分子として溶解するだけでなく，水と反応して重炭酸イオン（HCO_3^-），炭酸イオン（CO_3^{2-}）の形で存在している。CO_2 分子はカルビン回路の重要な酵素であるルビスコの基質であるが，この酵素の CO_2 に対する親和性が思いのほか低いことが知られている。トウモロコシ，サトウキビなどの植物はカルビン回路による二酸化炭素固定の外に，独特な二酸化炭素濃縮機構をもっている。これらの植物は気温が高く乾燥した場所で生育することができるが，このような条件では水の蒸散を防ぐため，できるだけ気孔を開けたくない。しかし，気孔を閉じてしまうと二酸化炭素の供給も制限されることになる。これらの植物はホスホエノールピルビン酸（PEP）に二酸化炭素（正確には HCO_3^-）を固定してオキサロ酢酸とし，葉緑体へ運ばれてから再び CO_2 分子に変換してルビスコに供給するシステムをもっている。この PEP に二酸化炭素を固定する酵素はホスホエノールピルビン酸カルボキシラーゼであり，この酵素の二酸化炭素に対する親和性はルビスコよりも高く，気孔を全開しなくてもカルビン回路を効率よく働かせることができる。このような機構をもつ植物のことをオキサロ酢酸が炭素 4 つからなる化合物であるので，C_4 植物という。それに対して，このような濃縮機構をもたないイネ，コムギ，ダイズなどの多くの植物を C_3 植物という。

水中で生育する植物などにとっては，水の蒸発は気にする必要はないが，二酸化炭素の拡散速度が大気中の 10,000 分の 1 と非常に低いことから，陸上植物に比べて，CO_2 分子の供給が制限される。緑藻クラミドモナスは水中に存在する HCO_3^- イオンを，トランスポーターを介して能動的に細胞内に取り込むことができる。取り込まれた HCO_3^- イオンを炭酸脱水酵素で CO_2 分子に変換し，ルビスコ周辺に供給することが知られている。植物細胞ではこの反応は進行するが，炭酸脱水酵素は元々 CO_2 分子と水との反応を触媒し，迅速に HCO_3^- と H^+ とに変換する酵素である。

6.4 バクテリアによる二酸化炭素固定

6.4.1 光合成を行うバクテリア

光合成は高等植物だけがもつシステムではない。1 章で学んだように太古に存在していたシアノバクテリアが光合成を行い，地球上の酸素濃度が爆発的に増加した。しかし，進化的な祖先は酸素の発生を伴わない光合成を行うバクテ

6.4 バクテリアによる二酸化炭素固定

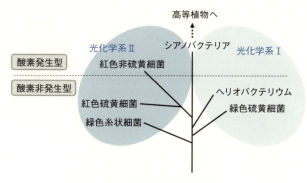

図 6.4 光合成細菌の進化

リアであったと考えられている (図 6.4)。

　これまでに学んだように，光合成で酸素が発生するのは光化学系IIにおいて水が電子供与体となるからである。現存している光合成細菌のうち，いくつかのタイプは水の代わりに硫化水素が電子供与体となり，細胞内に硫黄粒子を形成するものがある。硫化水素が電子供与体となるのは原始の地球環境によるものかも知れない。緑色硫黄細菌，紅色硫黄細菌などがある。緑色硫黄細菌は色素としてバクテリオクロロフィルをもつが，紅色硫黄細菌はクロロフィルではなくカロテノイドをもつので赤〜褐色を示す。緑色硫黄細菌は光化学系Iをもち，循環型光リン酸化でATPを合成する。一方，紅色光合成（非硫黄）細菌は光化学系IIとバクテリオクロロフィルをもち，非循環型光リン酸化を行うことが知られている。シアノバクテリアは進化上最も遅くに分岐したと考えられており，高等植物と同様両方の光化学系をもつ。

6.4.2　化学合成細菌

　光合成では光エネルギーによって最終的には水から電子をとり，電子伝達系でATPを得る (6.3.2 項参照)。バクテリアの中には水以外の，還元性物質から直接電子を得てATPを合成するものがいる（化学合成細菌）。分子状水素（H_2），2価の鉄イオン，硫化水素，アンモニアなどが電子供与体となる。光合成の代わりに，このような物質から得た電子をエネルギー源とし，二酸化炭素を固定するものを化学合成細菌という。これらの化学合成細菌はカルビン回路以外の炭素固定経路をもつものが多い。これまでにバクテリア特有の二酸化炭素固定経路として，アセチル-CoA経路，還元的TCAサイクル，3-ヒドロキシプロピオン酸回路と，これらがもとになっている回路2つの計6つが発見されている。このうちアセチル-CoA経路のみは回路ではなく，2分子のCO_2からアセチル-CoAが生じ，中央代謝へと流れる直線的な経路である。

6.5 光合成とバイオマス

バイオマスという言葉は生態学の分野では，ある特定の環境中に蓄積されている，動物や植物を合わせた生物体の現存量を意味する。一方，資源としてのバイオマスは，「再生可能な，生物由来の有機性資源で化石資源を除いたもの」と定義されている。光合成によって1年間に固定される炭素は約2,000億トンに達すると言われている。これを，二酸化炭素を固定するエネルギーとして換算すると，毎年 2×10^{18} kcal のエネルギーがバイオマスとして蓄積されたことになり，これは太陽エネルギーの 0.1% にあたる。植物系バイオマスの主成分は，樹皮を形成する細胞壁セルロースである。樹皮にはセルロースを固めるための高分子フェノール化合物リグニンもあるが，アルカリ前処理により抽出され，様々な処理工程のエネルギーとして燃焼される。植物系バイオマスを燃料生産などの資源として利用しようという試みがなされている。植物系バイオマスは光合成産物であるから，太陽が照り続ける限り，再生可能な資源と言えるので石油などの化石資源を代替する資源として注目されている。どのように燃料として利用するのか。そのまま燃やすというのが最も安上がりな方法であるが，植物は多くの水を含むので燃焼効率が悪い。そこで，セルロースを炭素源として酵母によるアルコール醗酵を行い，燃料としてのエタノールを生産しようという試みが行われている。これが「バイオエタノール」である。しかし，3章で学んだようにセルロースはグルコースの β 1,4–グリコシド結合からなり，酵母は直接代謝することができない。そこで，硫酸を用いた化学処理や，セルラーゼという酵素を用いて単糖化して酵母の炭素源とする。また，植物系バイオマスを高温で処理して得られるバイオガス（水素や一酸化炭素をなどを含む気体）も次世代のエネルギー源として注目されている。

演習問題：光合成で発生する酸素は水から由来することを簡潔に説明しなさい。

6.5 光合成とバイオマス

コラム

質を量でカバーしているルビスコ

　ルビスコは植物の葉緑体タンパク質の半分以上を占め，また光合成細菌や化学合成細菌にも含まれることから，地球上で最も豊富に存在するタンパク質であると言われている。なぜこんなにも多いのか。それはルビスコの反応効率の悪さにある。一般的に酵素反応というのはその速度が非常に速く，酵素は1秒間に1,000分子の基質を処理できると言われている。ところが，ルビスコは1秒間にたった3分子しか処理できない。この反応の遅さを量でカバーするために存在量が多くなっているのである。

　なぜそんなに反応が遅いのであろうか。枯草菌は光合成を行わないが，ゲノム上にルビスコに非常によく似たタンパク質をコードする遺伝子が存在している（ルビスコ様タンパク質）。このタンパク質は二酸化炭素を固定する能力はないが，メチオニン代謝経路において同じような化学反応を触媒することがわかった。さらに，このルビスコ様タンパク質は光合成が誕生する以前から存在していたようなのだ。つまり，進化の過程で変異が入り，二酸化炭素を固定できるようになったようなのである。元々は違う反応を触媒していたのだから，二酸化炭素の処理には向かないのかもしれない。

　質より量，…そんな酵素でも植物にはなくてはならないものなのである。2014年には，ルビスコは，植物の進化の過程で，タンパク質構造の不安定化という変異とこれにより得られた新たな活性とをトレードオフ（9章，9.3.2項参照）することにより，生み出されたのではないかと報告されている [*Proc. Natl. Acad. Sci. USA*, 111(6):2223-2228 (2014)]。

7 ミトコンドリアにひそむ二面性

7.1 はじめに

　ミトコンドリアは酸素呼吸の場として知られ，細胞にとっての生体エネルギーを生み出す重要な細胞小器官である。肝臓の細胞など，活発に活動をしている細胞には，1つの細胞あたり 1,000 以上ものミトコンドリアが含まれている。

　本章では，私たちが食事として摂取した糖や脂肪からエネルギーを生み出す流れについて触れ，ミトコンドリアがいかに巧妙に，いかに精密にエネルギーを生産しているか，また，ミトコンドリアに含まれる少量の DNA がいかに重要な働きをしているかを理解したい。それに加えて，約 20 億年前に，原始的

〈アデノシン 5′-三リン酸（ATP）合成の基礎をなす酵素的機構の解明〉
　ノーベル化学賞（1997）
　ポール・ボイヤー（Boyer, P. D., 1918-）
　ジョン・ウォーカー（Walker, J. E., 1941-）
　細胞の生存にとって，エネルギーを生産することは必要不可欠なことである。細胞にとってのエネルギーは，アデノシン 5′-三リン酸（ATP）という分子で蓄えられ，使われている。1973 年［*Proc. Natl. Acad. Sci. USA*, 70:2837-2839（1973）］以来，ボイヤーは，ATP 合成について洞察し，最終的に，ATP 合成酵素に含まれる複数の触媒部位は，中心軸の回転に伴い，アデニンヌクレオチド（アデノシン 5′-二リン酸（ADP）や ATP のこと）の結合性を変えながら反応を触媒する，という回転触媒説を提示した。酵素が回転しながら反応を触媒するという構想は，突拍子もない考えのように思われたが，1994 年，ウォーカーは，ATP 合成酵素の主要部分の X 線結晶構造を決定し，中心軸を形成するタンパク質のまわりに触媒部位を含むタンパク質が 3 つ配置されていること，さらに結合しているアデニンヌクレオチドの状態が異なっていることを示し，回転触媒説が正しいことを証明した［*Nature*, 370:621-628（1994）］。

Keyword

ミトコンドリア，プロトン，化学浸透説，細胞呼吸，細胞内共生説，ミトコンドリア DNA，ミトコンドリア病，内膜，外膜，ポリン，膜間腔，クリステ，マトリックス，アセチル CoA，電子伝達体，NADH，ピルビン酸，カルニチン，β酸化，$FADH_2$，クエン酸回路，クレブス回路，TCA サイクル，補酵素 Q，電子伝達系，膜電位，プロトン駆動力，鉄-硫黄クラスター，ヘムタンパク質，基質レベルのリン酸化，酸化的リン酸化，ATP 合成酵素，アポトーシス，カスパーゼ，母性遺伝，ユビキチン，ミトコンドリア・イブ，アフリカ単一起源説

7.2 ミトコンドリアにかかわる科学史

な真核細胞が，ミトコンドリアの起源となるバクテリアを取り込んだことをきっかけに，真核生物が繁栄するようになったという壮大なドラマや，ミトコンドリアDNAの塩基配列の解析から明らかとなった人類の移動の歴史ドラマに思いをはせられるようになってもらいたい。

7.2 ミトコンドリアにかかわる科学史

7.2.1 ミトコンドリアの形態解析

ミトコンドリアは，顕微鏡下，多くの哺乳類の細胞内に見える糸状の顆粒として，古くから観察されていた（表7.1）。1898年，ベンダ（Benda, C., 1857-1932）は，この顆粒を，ギリシャ語で「糸」を表す「mitos」と「粒」を表す「chondoros」から，ミトコンドリア（mitochondria）とよぶことを提案した。酵素の反応速度論で著名なミカエリス（5章，5.6節参照）は，1900年，ヤヌスグリーンという色素で細胞内のミトコンドリアを青緑色に染色できる方法を考案した。観察されるミトコンドリアは，様々な形をとることがあるために，多くの同義語があったという。その後，電子顕微鏡によるさらに詳しい観察から，ミトコンドリアは，2つの膜からなる二層膜構造をもち，内部に黒点が存在していることがわかったが，ナス（Nass, M. M. K.）は，1963年，その黒点が，DNAに由来することを報告した。

7.2.2 ミトコンドリアの機能解析

顕微鏡で観察するだけでは，ミトコンドリアの機能はわからない。そこで，細胞を穏やかに破砕した抽出液を遠心分離することでミトコンドリアを分画し，ミトコンドリアで起こる化学反応が調べられた。その結果，ミトコンドリアは，糖や脂肪を部分分解して得られる有機物を酸化して，これらの分子の化学結合に蓄えられたエネルギーを生物のエネルギー通貨とよばれるATPに変換していることが判明した。ADPからATPを合成するためのエネルギーには膜を隔てたプロトン（H^+）勾配が用いられる。この概念は，1961年，ミッチェ

表7.1　ミトコンドリアに関連する科学史

西暦	科学者	史実
1898	カール・ベンダ	細胞内の糸状の顆粒をミトコンドリアとよぶことを提案
1900	レオノール・ミカエリス	ミトコンドリアのヤヌスグリーン染色法を開発
1937	ハンス・クレブス	クエン酸回路の発見
1961	ピーター・ミッチェル	ミトコンドリアでのATP合成に関し「化学浸透説」を提唱
1963	マーギット・M・K・ナス	ミトコンドリア内にDNAを発見
1967	リン・マーギュリス	ミトコンドリアの起源として，細胞内共生説を提唱
1981	フレデリック・サンガーら	ヒトミトコンドリアDNAの全塩基配列を決定

ル (Mitchell, P. D., 1920-1992) が化学浸透説として提唱した。ミトコンドリアが働くと酸素分子 (O_2) を消費して二酸化炭素 (CO_2) を放出することから、この反応は細胞呼吸とよばれている。

7.2.3 ミトコンドリアの起源

ミトコンドリアの大きさがバクテリアと似ていること、分裂して増えること、内部にDNAが存在することは、ミトコンドリアの起源が原核細胞であることを示している。マーギュリス (Margulis, L., 1938-2011) は、1967年（このとき、彼女はセーガンを名乗っていたが）、酸素呼吸能力のある好気性バクテリアが共生してミトコンドリアの起源となったとする細胞内共生説を発表した。1981年、サンガー (Sanger, F., 1918-2013) らは、すべての生物のミトコンドリアDNA (mt DNA) に先駆けて、ヒトの mt DNA の塩基配列を決定し、ミトコンドリアの異常による疾患、いわゆるミトコンドリア病の原因究明に大きく貢献した。

7.3 ミトコンドリアの形状とエネルギー産生工場としての役割

7.3.1 ミトコンドリアの形状

ミトコンドリアは、ほぼすべての真核生物に含まれていることから、原始的な真核細胞が登場したとされる、約20億年前に、原核細胞を取り込んで誕生したのではないかと考えられている。取り込まれたのは、O_2 を還元してエネルギーを効率的に生産することができた、現在の α プロテオバクテリアに近い、好気性のバクテリアではないかと推定されている。それを裏づけるように、ミトコンドリアの大きさは数 μm と、ほぼバクテリアと同じ大きさであり、バクテリアのように分裂して増える。しかし、その形状は細胞の種類など条件によって様々である。球形や円筒形のこともあれば、紐状や網目状のこともある。また、心筋細胞や精子の鞭毛のように多くのATPを必要とする部位の近くに見られることが多い。これは必要とされるATPを効率的に運ぶためだと思われる。

ミトコンドリアは、図7.1 に示すように、内膜と外膜の2つの膜をもっている。外膜には、比較的大きな孔をもつポリンという膜貫通タンパク質が存在するため、分子量 5,000 以下の低分子物質を透過させる。膜間腔は、外膜と内膜の間の空間であるが、外膜が低分子量の物質を自由に通すため、イオンや糖などの組成は細胞質と同等である。しかし、ポリンはタンパク質を透過させないので、膜間腔のタンパク質組成は、細胞質とは異なっている。内膜は内部へ陥入し、クリステとよばれる特徴的な形状をつくっている。内膜は酸素呼吸の場であるため、折り畳むことで、表面積をかせいで効率化しているのだろうと考えられる。内膜に囲まれた内側がマトリックスである。マトリックスには、重要な代謝産物であるアセチル補酵素A（アセチル CoA、ピ

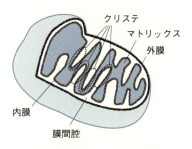

図7.1 ミトコンドリアの形状

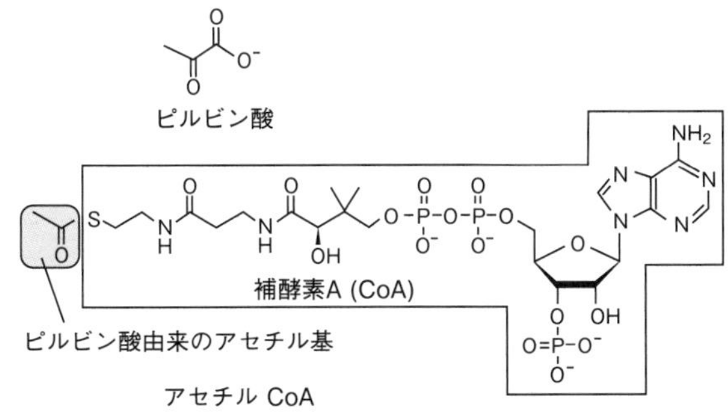

7.3 ミトコンドリアの形状とエネルギー産生工場としての役割　　75

図 7.2　ピルビン酸とアセチル CoA の構造

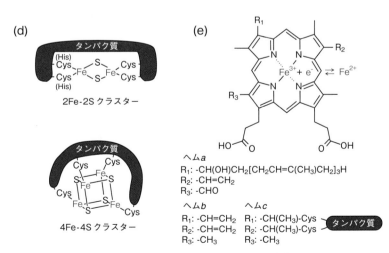

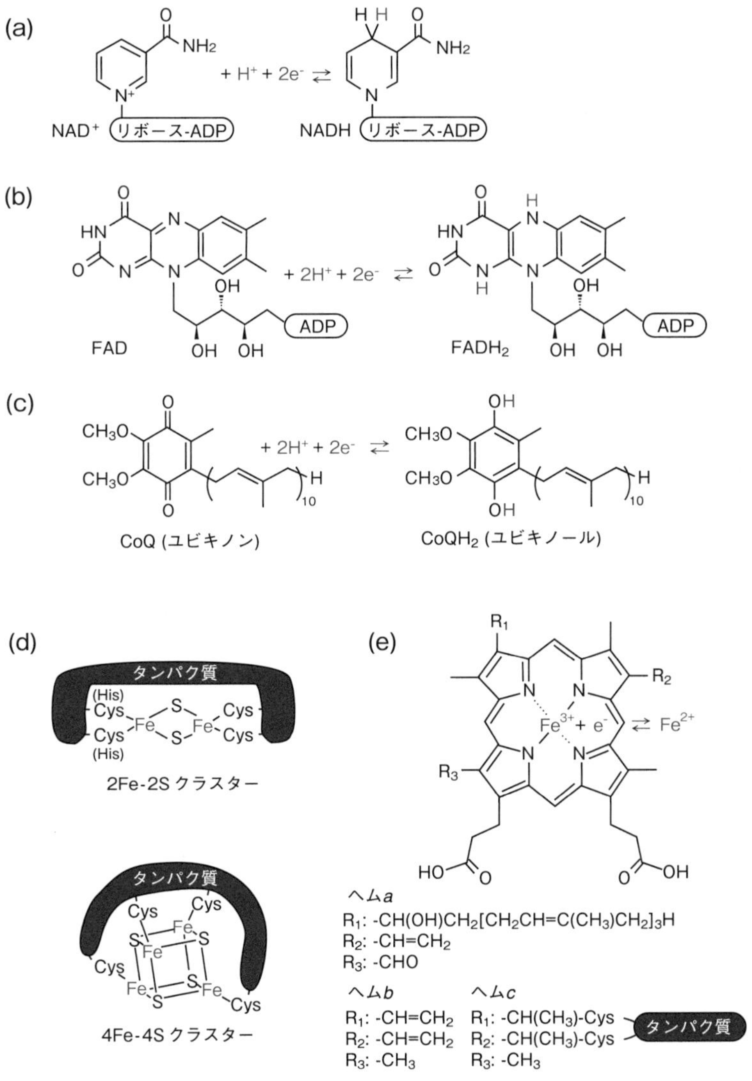

図 7.3　ミトコンドリアで働く電子伝達体

ルビン酸由来のアセチル基が CoA にチオエステル結合した構造をしている，図 7.2）を生成する酵素，さらに酸化させてエネルギーを取り出す酵素群が数多く存在している。また，ミトコンドリア独自の遺伝情報を保持する mt DNAと，その複製，転写，翻訳にかかわる RNA やタンパク質群も含まれている。

7.3.2 アセチル CoA の生成

　細胞質では，グルコースを分解していく解糖系において（5 章参照）ATP をつくることができる。同時に，電子のエネルギー運搬分子（**電子伝達体**）である **NADH**（図 7.3 (a)，NAD$^+$ と NADH）もつくられる。しかし，その収支は，1 分子のグルコースから 2 分子の ATP と 2 分子の NADH が得られるにすぎない。解糖系の最終産物である **ピルビン酸**（図 7.2）にはまだ化学結合のエネルギーが残っているので，ピルビン酸をミトコンドリアのマトリックスに輸送し，酸素呼吸によって，さらに酸化してエネルギーを取り出すことが可能である。また，解糖系でつくられた NADH はミトコンドリアの内膜を通過できないが，シャトルとよばれる巧妙な方法でミトコンドリアのマトリックスに運ばれ，電子伝達系で使われる。

　ピルビン酸が酸化される最初のステップでは，ピルビン酸と補酵素 A（CoA）からアセチル CoA が生成される（図 7.2）。この反応は，ピルビン酸デヒドロゲナーゼ複合体という 3 種類の酵素を含む巨大な複合体が触媒しており，ピルビン酸が脱炭酸されると同時に NADH が生成される。

　光合成を行わない生物にとっては，脂肪も重要なエネルギー源となる。脂肪の分解物である脂肪酸は CoA とチオエステル結合したアシル CoA という形でミトコンドリアの外膜を通過する。しかしアシル CoA は，内膜は通過できないため，**カルニチン**と結合したアシルカルニチンという形で内膜を通過し（図 7.4 (a)，アシル CoA がマトリックスへと輸送される流れ），マトリックスで再びアシル CoA に変換される。アシル CoA は連続した 4 段階の酵素反応からなる **β 酸化** を繰り返し受けることで，多くの **FADH$_2$**（図 7.3 (b)，FAD と FADH$_2$），NADH，アセチル CoA を生成する（図 7.4 (b)，アシル CoA の β 位の脱水素によりアセチル CoA が生成し 2 炭素短いアシル CoA ができる）。これらの分子は，クエン酸回路，電子伝達系で利用される。

7.3.3 クエン酸回路

　クエン酸回路は，アセチル CoA のアセチル基に含まれる 2 つの炭素を酸化して 2 分子の CO$_2$ に酸化する反応にまとめることができるが，解糖系のように直線的な経路ではなく，8 つの酵素に触媒される一連の反応が回路をなしている（図 7.5）。この回路は，1937 年，クレブス（Krebs, H. A., 1900-1981）が発見したため，**クレブス回路**ともよばれる。アセチル CoA のアセチル基は，クエン酸シンターゼの働きにより 4 炭素化合物のオキサロ酢酸に転移されて 6 炭素化合物であるクエン酸が生じる（反応 1）。クエン酸は，この反応回路の出発物質であり，回路がクエン酸回路とよばれるゆえんである。クエン酸はトリカ

7.3 ミトコンドリアの形状とエネルギー産生工場としての役割

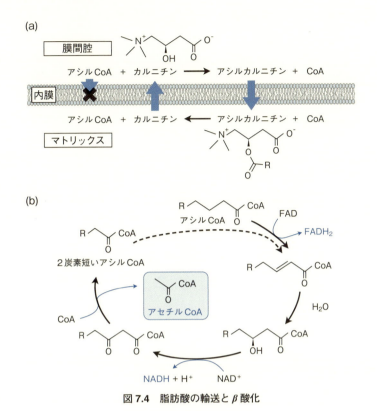

図 7.4 脂肪酸の輸送とβ酸化

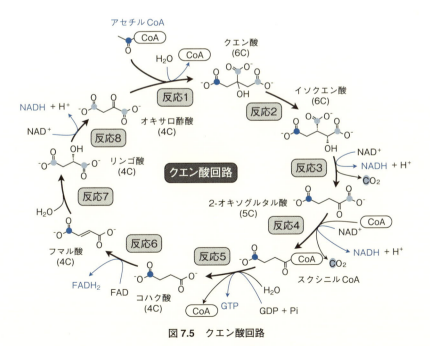

図 7.5 クエン酸回路

ルボン酸であるため，この回路は，トリカルボン酸回路や TCA サイクル (tri-carboxylic acid cycle) ともよばれる。

クエン酸は，アコニターゼにより，イソクエン酸に変換され（反応 2），さらにイソクエン酸デヒドロゲナーゼにより脱炭酸され，5 炭素化合物の 2- オキソグルタル酸を生じるが，その際，NADH が生成する（反応 3）。2-オキソグルタル酸は，ピルビン酸デヒドロゲナーゼ複合体によく似た 2-オキソグルタル酸デヒドロゲナーゼ複合体により脱炭酸され，スクシニル CoA となるが，その際，NADH が生成する（反応 4）。スクシニル CoA は，スクシニル CoA シンテターゼで加水分解され，4 炭素化合物のコハク酸が生じるが，その際，反応に共役して GTP が生成する（反応 5）。生成した GTP は速やかに ATP に変換される。

コハク酸は，コハク酸デヒドロゲナーゼによりフマル酸に酸化される（反応 6）。と，コハク酸デヒドロゲナーゼに結合した FAD が還元されて $FADH_2$ が生じる。生じた $FADH_2$ はすぐに電子伝達系で再酸化され，酸化型補酵素 Q (CoQ) が還元型 CoQ ($CoQH_2$) に還元される（図 7.3 (c)，CoQ はユビキノン，$CoQH_2$ はユビキノールともよばれる）。フマル酸はフマラーゼによりリンゴ酸を生成し（反応 7），さらにリンゴ酸デヒドロゲナーゼにより酸化され，オキサロ酢酸と NADH が生成する（反応 8）。生成したオキサロ酢酸は，次のサイクルに利用される。

図 7.5 に示すクエン酸回路の中で，アセチル CoA のカルボニル炭素由来の炭素は青丸で示されている。反応 7 の後，青が水色に変わっているのは，反応 7 の基質となるフマル酸が対称性の分子であるため，2 つの水色の炭素のどちらが，青丸の炭素由来なのかわからなくなるためである。ちなみに，水色の炭素はどちらも次の周に CO_2 として放出される。

以上をまとめると，クエン酸回路を 1 周すると，CO_2 が 2 分子放出され，NADH が 3 分子，GTP が 1 分子，$FADH_2$ が 1 分子生じる。クエン酸回路のそれぞれの反応に O_2 を必要するものはないが，回路が進行するためには O_2 が必要である。これは，電子伝達系が O_2 を用いて回路の進行に必要な NAD^+ を再生するからである。そう考えるとクエン酸回路が成立したのは，地球に O_2 が増え出してからということになり，その起源は生物の歴史からみれば，比較的新しいということができるだろう。

7.3.4　電子伝達系

解糖系やクエン酸回路で化合物が酸化される際には電子が得られるが，これらの電子は NADH や $FADH_2$ の形で蓄えられている。これらはミトコンドリア内膜で再酸化され，生じた高いエネルギーをもつ電子は，膜に埋め込まれた電子伝達系とよばれるシステムで，電子との親和性の低い物質から高い物質へと受け渡されていく。この一連の過程で電子は，様々な酸化還元反応に用いられながら，徐々にエネルギーを放出し，最終的に O_2 に渡されて，水を生成することになる。電子から放出されるエネルギーは，マトリックス内のプロトン

7.3 ミトコンドリアの形状とエネルギー産生工場としての役割

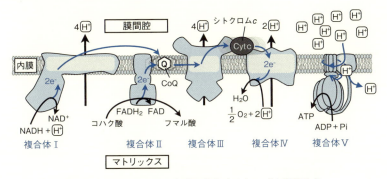

図 7.6 ミトコンドリア内膜に存在するタンパク質複合体

を膜間腔に汲み出すことに使われ，その結果，内膜を挟んでプロトンの濃度勾配ができる（つまりマトリックスは，細胞質に比べてややアルカリ性になる）だけでなく，内膜のマトリックス側が負，膜間腔側が正の電位差，すなわち膜電位が生じる。この状況では，プロトンが内膜を越えて戻ろうとする力が生じるが，この力はプロトン駆動力とよばれ，後述する ATP の合成に用いられる。

ここからは，電子伝達系に存在する 4 つの複合体（複合体 I，複合体 II，複合体 III，複合体 IV）で起こる酸化還元反応について，順を追ってみることにする（図 7.6）。

・複合体 I：NADH-CoQ オキシドレダクターゼ

慣習的に NADH デヒドロゲナーゼともよばれる。NADH を酸化する際に生じる電子を酸化型 CoQ に渡して還元型 $CoQH_2$ を生成する。ただし，電子は直接 CoQ に渡されるわけではなく，複合体に結合したフラビンモノヌクレオチド（FMN）（図 7.3（b），FMN は FAD の ADP の部分がリン酸基になっている）と複数の鉄-硫黄クラスター（図 7.3（d），2 つの鉄原子と 2 つの硫黄原子からなる 2Fe-2S クラスターと，4 つの鉄原子と 4 つの硫黄原子からなる 4Fe-4S クラスターがある。タンパク質に結合しているアミノ酸残基は，ほぼすべて Cys だが，His と結合している場合がある）を転々として CoQ に渡される。その際，2 個の電子あたり，4 個のプロトンがマトリックスから膜間腔へ汲み出される。

・複合体 II：コハク酸-CoQ オキシドレダクターゼ

クエン酸回路のコハク酸デヒドロゲナーゼそのものであり，コハク酸がフマル酸に酸化される際に生じる $FADH_2$ からの電子を鉄-硫黄クラスター経由で CoQ へと渡す。この複合体ではプロトンの汲み出しは行われない。

・複合体 III：CoQ-シトクロム c オキシドレダクターゼ

還元型 $CoQH_2$ は，複合体 III で酸化され，生じる電子をヘムタンパク質である酸化型シトクロム c（Fe^{3+} をもつ）に渡して還元型シトクロム c（Fe^{2+} をもつ）にする。その際，電子は，ヘム（図 7.3（e））や鉄-硫黄クラスターを経由しながらシトクロム c に渡される。この過程で，2 個の電子あたり 4 個のプロトンが膜間腔へ移動することになる。

・複合体Ⅳ：シトクロム c オキシダーゼ

還元型シトクロム c は，複合体Ⅳで酸化され，生じる電子を銅，ヘムを経ながら最終的に O_2 に渡して水を生成させる。その際，2個の電子あたり，2個のプロトンが膜間腔へ汲み出される。この過程は，細胞呼吸において，唯一，O_2 を必要とする反応で，呼吸で取り込まれた酸素のほとんどすべてが，この反応で消費されている。

まとめると，NADH からは，複合体Ⅰ→複合体Ⅲ→複合体Ⅳと電子が伝達されるので，1分子あたり10個のプロトンがマトリックスから膜間腔へ移動し，$FADH_2$ からは，複合体Ⅱ→複合体Ⅲ→複合体Ⅳと電子が伝達されるので，1分子あたり6個のプロトンが膜間腔へ移動することになる。

電子伝達系に関しては，複合体Ⅰ，複合体Ⅲ，複合体Ⅳが相互作用して，超複合体やレスピラソームとよばれる巨大な複合体をつくることが報告されている。この複合体形成の意義は，電子伝達をより効率化するためだと考えられる。

図 7.6 に示す電子伝達系の中で，灰色はそれぞれの複合体を示す。複合体Ⅰ，Ⅲ，Ⅳ，Ⅴ内の薄い灰色の部分は，ミトコンドリア DNA に遺伝子が存在するタンパク質のおおよその位置を示している（7.4.1 項参照）。

7.3.5 ATP の合成

解糖系での ATP 合成は，より高いエネルギーをもつリン酸基が ADP へ移されることで行われる。これを**基質レベルのリン酸化**というが，ミトコンドリアで行われる ATP 合成は，リン酸化の機構がまったく異なる。

NADH や $FADH_2$ がもっている電子は，電子伝達系の一連の酸化還元反応を経て最終的に O_2 に与えられるが，その際，電子の失ったエネルギーは内膜を挟んだ電気化学的プロトン勾配であるプロトン駆動力として蓄えられる。このエネルギーが，自然には起こらない ADP とリン酸から ATP が合成される反応に用いられる。この反応は，O_2 の消費と共役しているので，**酸化的リン酸化**とよばれる。

ATP 合成にかかわる酵素が，**ATP 合成酵素**である。電子顕微鏡の観察で，内膜のマトリックス側にキノコ状の構造体として観察される巨大な複合体であるため，複合体Ⅴともよばれる（図 7.6）。プロトンが膜間腔からマトリックスへ流入すると，内膜に埋め込まれたタンパク質で形成される回転子が回転する。すると，それに連動して中心軸を形成するタンパク質が回転し，キノコ状の部分にあるタンパク質の触媒部位の構造が変化して，ATP の合成が行われる。中心軸が1回転すると3分子の ATP がつくられ，1秒間に100分子以上もの ATP が合成される。

様々な実験から，1分子の ATP 合成には，約3個のプロトンの流入が必要だと考えられている。合成された ATP は，ATP-ADP 交換輸送体を介して，速やかに膜間腔へと送り出され，代わりに ADP がマトリックスに取り込まれる。ATP と ADP の交換にも約1個分のプロトン駆動力が用いられるので，1分子の NADH が酸化されると，約 2.5 分子 [{4（複合体Ⅰ）＋4（複合体Ⅲ）＋2

7.4 ミトコンドリア DNA と分子時計

表7.2 ミトコンドリアでピルビン酸1分子から生じる ATP の分子数

反応過程	生成物	最終的に生成される ATP 数
ピルビン酸のアセチル CoA への酸化	NADH 1分子	2.5
アセチル CoA のアセチル基の完全酸化 （クエン酸回路，1周分）	NADH 3分子	7.5
	FADH$_2$ 1分子	1.5
	GTP 1分子	1

（複合体 Ⅳ）}÷{3（ATP 合成）+1（ATP-ADP 交換）}]の ATP が，1分子の
FADH$_2$ が酸化されると，約1.5分子（6÷4）の ATP が合成されることになる。
これをまとめると，1分子のピルビン酸がミトコンドリアで酸化されることで
生じる ATP は，約12.5分子ということになる（表7.2）。

7.3.6 ミトコンドリアとアポトーシス

ミトコンドリアは細胞のエネルギー生産工場という重要な役割を担う一方，
細胞死の司令塔という側面もある。アポトーシスはプログラムされた自発的な
細胞死である。DNA が損傷したり，ミトコンドリアに異常が生じてエネルギ
ーを生み出せなくなったりした場合には，アポトーシスによって，異常な細胞
は組織から取り除かれる。アポトーシスのシグナルを受け取った細胞では，ミ
トコンドリア膜透過性遷移孔の開口が促され，外膜の透過性が上昇する。する
と，通常，膜間腔に存在し，内膜と弱く作用して電子伝達系で機能するはずの
シトクロム c が細胞質へと流出する。シトクロム c の流出には，ミトコンドリ
アに固有のリン脂質であるカルジオリピンの酸化が関係しているという報告も
ある。流出したシトクロム c は，細胞質でアポトソームという複合体を形成
し，カスパーゼとよばれる一群のタンパク質分解酵素を活性化して，細胞をア
ポトーシスへと導く。

7.4 ミトコンドリア DNA と分子時計

7.4.1 ミトコンドリア DNA

ミトコンドリアの起源は，原始的な真核細胞に共生した好気性原核細胞だと
考えられている（7.2.3 項参照）。それを裏づける証拠の1つとして，ミトコン
ドリア内に DNA が存在することがあげられる。ヒトを含めた高等真核生物の
mt DNA は，約16,500塩基対（ヒトの場合，16,569塩基対）の環状 DNA であ
り，1つのミトコンドリア内に数分子程度含まれている。ミトコンドリアで働
くほとんどのタンパク質の遺伝子は核の DNA に存在しており，細胞質で合成
された後，ミトコンドリアに移入される。

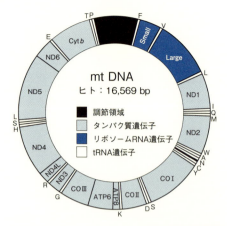

図7.7 ヒトミトコンドリアDNAの遺伝子配置

mt DNA に存在している遺伝子はわずか37で，その内訳は，タンパク質遺伝子が13，リボソームRNAの遺伝子が2，そしてtRNAの遺伝子が22である（図7.7）。

図7.7に示す環状のmt DNAの配列の中で，リボソームRNA遺伝子のSmall，Largeは，それぞれリボソームの小サブユニット，大サブユニットに含まれるRNA遺伝子を示している。またtRNA遺伝子のアルファベットは，tRNAが受容するアミノ酸を1文字表記で表している。

ミトコンドリアで合成されるタンパク質は，細胞呼吸にかかわるものばかりで，複合体Ⅰのサブユニットが7つ（ND1, ND2, ND3, ND4, ND4L, ND5, ND6），複合体Ⅲのサブユニットが1つ（Cytb），複合体Ⅳのサブユニットが3つ（COI, COII, COIII），そして複合体Ⅴのサブユニットが2つ（ATP6, ATP8）である。これらは，すべて内膜に存在するので，各複合体が形成されるための足場となる重要な役割を果たしていると思われる（図7.6の複合体内部の薄い灰色の部分は，複合体に占めるミトコンドリア遺伝子産物のおおよその位置を示している）。したがって，mt DNAが損傷すると細胞呼吸が停止することになり，細胞に致死的な影響を及ぼす。

リボソームRNAの遺伝子もtRNAの遺伝子も，細胞質で働くRNA遺伝子とは，鎖長，構造，遺伝子数が異なっており，ミトコンドリア独特のタンパク質合成システムがつくられている。

7.4.2　母性遺伝とミトコンドリア病

細胞には多くのミトコンドリアが存在することから，1つの細胞に，数千ものmt DNA分子が存在することになるが，mt DNAの塩基配列は，基本的に同一である。この状態を「ホモプラズミー」とよぶ。ホモプラズミーを維持する仕組みはいくつか存在するが，mt DNAが母親からしか伝わらない母性遺伝は，その1つである。卵子には10万ものミトコンドリアが存在し，一方，精子には100程度のミトコンドリアしかもたないため，受精時に，父性ミトコンドリアは希釈され，結果として母性遺伝するという側面はある。しかし，積極的に父性ミトコンドリアを排除する仕組みが存在するという報告が蓄積されてきている。その仕組みは生物種によって多様であるが，哺乳類では，精子のミトコンドリアがユビキチン化されており，受精卵では，ユビキチンを目印に父性ミトコンドリアが選択的に分解されるといわれている。

ミトコンドリアではエネルギーを生産するためにO_2を消費するが，その際，活性酸素種がわずかに発生してしまう。そのため，mt DNAは核DNAに比べて変異が起きやすいことが知られている。mt DNAの変異により機能が低下したミトコンドリアは排除されるが（7.3.6項，コラム参照），加齢とともに変異したmt DNAが混在するようになる場合がある。この状態を「ヘテロプラズミー」とよぶ。変異がミトコンドリアの機能を低下させる場合，正常型の

7.4 ミトコンドリアDNAと分子時計

mt DNAに対して，変異mt DNAの割合が増加すると，ATPを多く消費する器官，例えば，筋肉，心臓，脳に障害が生じる．こうした病気はミトコンドリア病とよばれ，多様な症状を示すことが知られている．mt DNAの変異に病気の原因がある場合には，mt DNAが母性遺伝するために，その遺伝形式はメンデルの法則には従わない．ただし，ミトコンドリアで必要とされるタンパク質のほとんどが細胞質から送り込まれているため，核DNAの変異に原因があるミトコンドリア病もあり，その場合はメンデルの法則に従う遺伝形式となる．

7.4.3 ミトコンドリア・イブとホモ・サピエンスの大陸移動

生物の進化は，変異の蓄積によるものと考えられるので，複数の生物種のDNAの塩基配列を比較すると，生物種間の類縁関係の遠近を推定することができる．もし同じ共通祖先から分岐した時期が近ければ，塩基配列の違いは小さいだろうし，遠ければ，違いは大きくなると考えられる．また，変異が時間

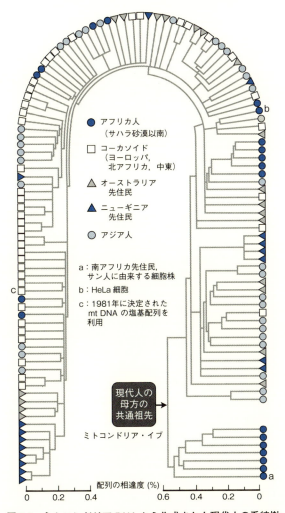

図7.8 ミトコンドリアDNAから作成された現代人の系統樹

あたり一定の確率で起きるとすると，分岐年代の推定も可能となる。こうした解析を**分子系統解析**という。分子系統解析を現生人類（ホモ・サピエンス）に適用すれば，ホモ・サピエンスがどの地域で出現したかや，どのように世界中に広がったかを推測することができる。mt DNA は，変異が起きやすいうえ，基本的にホモプラズミーであるため組換えを起こさない。そうした性質は，ホモ・サピエンスの分子系統解析に非常に適している（核 DNA のように，組換えを起こしてしまうと共通の変異があっても，共通の祖先に由来するものだとはいえなくなってしまう）。

1987 年，ウイルソン（Wilson, A. C., 1934-1991）らは，多様な人種，民族を含む 145 人の女性から出産時に胎盤を提供してもらい，さらに 2 種類のヒト細胞株から mt DNA を単離して，その塩基配列を系統解析した。その結果，現代人の系統は，アフリカだけのグループと，一部のアフリカを含むが，その他すべての地域のグループの 2 つに大別できること，その分岐年代が，約 20 万年前であることが示された（図 7.8）。

図 7.8 に示す系統樹には，アフリカ人だけからなるグループが存在しており，このことは，現代人の起源がアフリカにあることを示唆する [Cann, R. L., *et al., Nature*, 325:31-36（1987）]。ミトコンドリアは母性遺伝するので，この結果は，現代人の母方の家系をたどると約 20 万年前にアフリカにいた 1 人の女性にたどり着くことを意味し，この女性が**ミトコンドリア・イブ**とよばれるようになった。また，この解析結果は，ホモ・サピエンスがアフリカで誕生し，その後，世界中に伝播していったとする**アフリカ単一起源説**の有力な証拠となった。アフリカ以外の人々の mt DNA にそれほど変異が蓄積していないことは，アフリカ以外の人々は，アフリカを出た少数の集団の子孫であることを意味している。ホモ・サピエンスがアフリカを出たルートや時期には諸説あるが，その後，おそらくは海を渡ってオーストラリア大陸へ，また，ユーラシア大陸の各地域に，そして，氷河期に陸地であったと考えられる現在のベーリング海峡を渡って，北アメリカ大陸，南アメリカ大陸へと広がったと考えられている。

演習問題：ミトコンドリアの祖先（好気性バクテリア）は原始真核細胞と共生して，現在の真核細胞に進化したと考えられているが，その根拠を述べなさい。

7.4 ミトコンドリア DNA と分子時計

コラム

オートファジーとミトコンドリア

　ミトコンドリアの機能が低下し、電子を適切に O_2 に受け渡せなくなると、活性酸素種がより多く発生し、細胞に悪影響を及ぼす可能性がある。それを避けるため、正常な細胞は、機能が低下したミトコンドリアを適切に除くミトコンドリアの品質管理機構をもっている。その仕組みはオートファジーであるが、ミトコンドリア特異的なオートファジーであるため、マイトファジーとよばれている。オートファジーは、細胞自身が不要なタンパク質や細胞小器官を分解する仕組みの 1 つで、大隅良典らのグループによってその分子レベルでの仕組みが解明され、2016 年、大隅はノーベル生理学・医学賞を受賞した（2 章，ノーベル賞の囲み参照）。近年、マイトファジーは、神経変性疾患の 1 つであるパーキンソン病の原因遺伝子の 1 つ、パーキンによって制御されていることが明らかにされ、異常なミトコンドリアの蓄積と疾患との関連が注目されている。

8 遺伝子組換えがもたらす新しい世界

8.1 は じ め に

　生物の基本的な形質は，遺伝子によって決定される。そのため，遺伝子を人為的に操作するための遺伝子組換え技術は，遺伝子の機能を調べる研究だけでなく，微生物による生体物質の大量生産や有用生物の育種などの多様な目的への応用が期待されて開発が進んできた。

〈制限酵素の発見と分子遺伝学の課題への応用〉
　ノーベル生理学・医学賞 (1978)
　ヴェルナー・アーバー (Arber, W., 1929-)
　ダニエル・ネイサンズ (Nathans, D., 1928-1999)
　ハミルトン・オサネル・スミス (Smith, H. O., 1931-)
　受賞対象となった研究は，1960 年代から 70 年代前半にかけて行われた。1953 年に DNA の二重らせん構造が報告され，1962 年までにはニーレンバーグ (Nirenberg, M. W., 1927-2010) らによって RNA のコドンとアミノ酸との対応が解明された。しかし，生物がもつ DNA 鎖は極めて長い分子で，わずかな遺伝情報しか存在しないウイルスの遺伝子ですら，DNA 鎖上の位置を調べることは困難だった。
　アーバーは 1960 年代に，バクテリアから分離した DNA 分解酵素がウイルスであるバクテリオファージの特定の塩基配列を切断することを発見した。この切断についての「制限」と，バクテリア自身の DNA を切断しない「修飾」についての仮説を提唱した。スミスは 1970 年に，ヘモフィルスインフルエンザ菌 *Rd* 株から精製した制限酵素 endonuclease R・K を用いて，この酵素が特異的に認識するファージ DNA の塩基配列と切断する位置を決定した。ネイサンズは 1971 年に，スミスらの方法により精製した制限酵素とポリアクリルアミドゲル電気泳動を組み合わせると，DNA 鎖上の遺伝子や機能部位の位置（遺伝子地図）を物理的に決定できることを，腫瘍ウイルス SV40 の DNA を用いて示した。これらの成果によって，遺伝子を DNA 断片という物質として扱うことが可能になり，分子生物学は大きな発展を遂げた。

Keyword

形質転換，バクテリオファージ，制限酵素，形質導入，プラスミド，DNA リガーゼ，遺伝子クローニング，逆転写酵素，PCR 法，プライマー，DNA ポリメラーゼ，プローブ，クローン，トランスジェニック生物，相同組換え，ゲノム編集，非相同末端結合 (NHEJ)

8.2 遺伝子組換えにかかわる科学史

本章では，遺伝子組換え技術の発展を概観するとともに，関連するクローン生物作成技術も紹介する。それらの知識をもとに，医療や品種改良において遺伝子組換え技術を適用する範囲を考えてもらいたい。

8.2 遺伝子組換えにかかわる科学史

1900年に遺伝に関するメンデルの法則が再発見されたが，その時点では遺伝を担っているものの実体は不明であった。1927年のマラーによるX線照射実験の報告で，遺伝を担う物質の存在が強く示唆された（4章，ノーベル賞の囲み参照）。

8.2.1 DNAによる形質転換の発見

表8.1に示すように，1928年にグリフィス（Griffith, F., 1879-1941）は，肺炎レンサ球菌を用いて，加熱により死んだ病原性菌体に由来する物質によってその性質が，別の病原性のない生きた菌体に伝わる現象を発見し，遺伝情報が生物間で「水平方向」に伝えられることを示した。この現象は形質転換とよば

表 8.1　形質転換と遺伝子組換えに関する科学史

西暦	科学者	史実
1928	フレデリック・グリフィス	菌体の性質が別の菌体に伝わる現象（形質転換）を発見
1952	サルバドール・エドワード・ルリア マリー・L・ヒューマン	バクテリオファージに感染しにくい大腸菌株の発見
1952	ジョシュア・レーダーバーグ ノートン・デヴィッド・ジンダー	サルモネラ菌での形質導入の発見
1962	ジョン・バートランド・ガードン	未受精卵への核移植によりクローンカエルを作製
1967	バーナード・ワイス チャールズ・クリフストン・リチャードソン	単離したDNAリガーゼにより試験管内でDNA断片を連結
1968	マシュー・メセルソン ロバート・ヤーン	修飾を受けたバクテリオファージのDNAを切断しない制限酵素を大腸菌から分離
1969	三橋 進	多剤耐性菌がもつプラスミドをR因子と命名
1970	ハミルトン・オサネル・スミス トーマス・J・ケリー・ジュニア	制限酵素の認識配列と切断配列の決定
1970	ハワード・テミン デイビッド・ボルチモア	RNAウイルスの逆転写酵素を発見
1971	ダニエル・ネイサンズ キャサリーン・ダナ	制限酵素をDNAの構造解析に利用
1973	スタンリー・コーエン アニー・チャン ロバート・ヘリング	DNA断片をプラスミドと結合させ，大腸菌に導入して複製させることに成功

れ，1944年のエイブリーの実験に繋がり，さらに，1952年のハーシーとチェイスの実験によって，遺伝情報を担っている生体分子はDNAであることが確定した（3章，3.3.1項参照）。

8.2.2 制限酵素と形質導入の発見

ルリア（Luria, S. E., 1912-1991）らは1952年に，ある大腸菌株で増殖したバクテリオファージに対して，感染しにくい別の大腸菌株が存在することを報告した。この原因の究明が，アーバーによる制限酵素の発見に繋がった（ノーベル賞の囲み参照）。

同じ1952年に，レーダーバーグ（Lederberg, J., 1925-2008）とジンダー（Zinder, N. D., 1928-2012）は，バクテリオファージが感染したサルモネラ菌体内で新たなバクテリオファージDNAが複製される際，その複製DNAにサルモネラ菌遺伝子の一部分も含まれることがあり，このように増殖したバクテリオファージが他のサルモネラ菌体へ感染すると，その遺伝子も運ばれることを発見した。この現像は形質導入とよばれるようになった。また，レーダーバークは，菌体の核様体DNA（2章，図2.7参照）以外に，菌体内で複製され別の菌体に分配される小さなDNA分子に，プラスミドという名前を提案した。

8.2.3 遺伝子組換え技術の確立

バクテリアでは，遺伝子の組換えやX線照射によって切断されたDNAの再結合が起こっていることから，DNAを結合する酵素（DNAリガーゼ）の存在が予想されていた。リチャードソン（Richardson, C. C., 1935-）らは1967年に，バクテリオファージT4に感染した大腸菌からDNAリガーゼを単離し，それを利用して試験管内でDNA断片を連結することに成功した。1970年に，スミスらはインフルエンザ菌 *Rd* 株でのDNA代謝の研究中に，偶然，菌体の抽出液の中に，自身のDNA鎖は切断しないが，自分以外のDNA鎖を分解する制

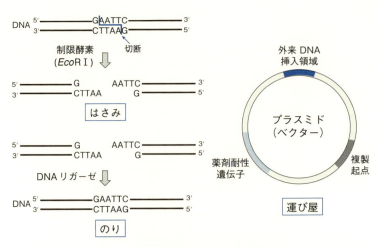

図8.1　遺伝子組換えに用いる3種類の道具

限酵素 endonuclease R·K を発見し，これを用いてファージ DNA の特異的な切断配列を決定し報告した。これらの研究成果により制限酵素と DNA リガーゼを用いることで，染色体から遺伝子断片を切り出し，それらを連結させることが可能になった。翌 1971 年には，ネイサンズらはスミスらの方法により精製した制限酵素を用いて，腫瘍ウイルス SV40 の DNA 鎖を特異的塩基配列箇所で 11 の断片に切断し，ポリアクリルアミドゲル電気泳動法で分離した。この手法により特定の遺伝子のみを分離することが可能になった。これらの操作を用いることにより，遺伝子組換えを基本とする遺伝子工学がめざましく発展した。図 8.1 に遺伝子組換えに必要な 3 つの道具を示す。

8.3 プラスミド，制限酵素と DNA リガーゼ

8.3.1 プラスミド

　運び屋としてのプラスミドは染色体以外の細胞質に存在する遺伝的因子全般を示す名前として，1952 年にレーダーバーグによって提案された (8.2.2 項参照)。当初は広まらなかったが，バクテリアの抗生物質耐性にかかわる遺伝因子が染色体とは独立した DNA 分子であることが 1960 年代に明らかになり，三島進により R 因子と命名されてから，一般名としてプラスミドが広く使われるようになった。現在では，細胞内で自律的に複製する染色体以外の環状の小型 DNA 鎖をプラスミドとよんでいる。

8.3.2 制限酵素と DNA リガーゼ

　制限酵素と DNA リガーゼを使ったプラスミドの人為的な改変は，1973 年にコーエン (Cohen, S. N., 1935-) らによって初めて報告された [*Proc. Natl. Acad. Sci. USA*, 70:3240-3244 (1973)]。彼らのプラスミド作製法は，現在も一般的な手法であるため，すこし詳しく紹介する。

　コーエンらは実験のために，大腸菌に抗生物質テトラサイクリンへの耐性を与えるプラスミド pSC101 と，別の抗生物質カナマイシンへの耐性を与えるプラスミド pSC102 を準備した。この 2 種類のプラスミドに制限酵素 *Eco*R I を作用させると，pSC101 では 1 か所，pSC102 では 3 か所で切断されることがわかった。*Eco* RI で切断された 2 本鎖 DNA 断片の末端には 4 塩基の 1 本鎖DNA が突出し，それらの塩基配列は末端どうしで相補的な結合をつくり，DNA リガーゼにより DNA 鎖の 3′ 端と 5′ 端を連結することができる。実験のこの段階では，断片が様々な組合せで連結され，いずれかがテトラサイクリンとカナマイシンの両方に耐性を与えるプラスミドと予想された。次に，コーエンらはプラスミドを選別するために，DNA リガーゼを作用させた溶液をそのまま使って大腸菌を形質転換し，テトラサイクリンとカナマイシンの両方を加えた培地で培養した。この培地で増殖した大腸菌からプラスミドを単離したところ，大きさが pSC101 と pSC102 の中間のプラスミド pSC105 が得られた。pSC105 は環状で，*Eco*R I で切断すると，2 つの断片になった。1 つは pSC101

と同じ大きさの断片で，残りの大きさはpSC102の3つの断片の内で2番目に大きな断片と同じだった．前者の断片はpSC101そのものでテトラサイクリン耐性遺伝子をもち，後者の断片にはpSC102由来のカナマイシン耐性遺伝子が存在していた．pSC105はこの2つのプラスミド断片が試験管内で人為的に連結されて，新たなプラスミドになったといえる．

8.4 遺伝子クローニングとPCR法

8.4.1 遺伝子クローニング

コーエンらは2つのプラスミドを用いて，試験管内で人工プラスミドの作製が可能であることを示した．同じ制限酵素を用いて切断されたDNA断片であれば，ウイルスからヒトまで由来する生物種によらず，プラスミドへの連結が可能である．多くの場合，プラスミドDNAよりもDNA断片の方が小さいため，このような連結はプラスミドへのDNA断片の挿入とよばれる．原核細胞である大腸菌でも，ゲノムには多数の遺伝子が存在し，1つの遺伝子の塩基配列をゲノムから直接決定することは難しい．様々な制限酵素を組み合わせて，ゲノムから目的の遺伝子を含む小さなDNA断片を切り出し，プラスミドへ挿入することで，遺伝子の塩基配列や機能を調べることが容易になった．遺伝子を含んだ特定のDNA断片が挿入されたプラスミドをつくることを，**遺伝子クローニング**とよんでいる（図8.2）．

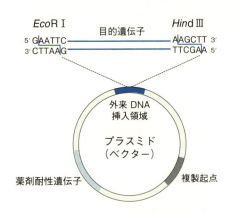

図8.2 プラスミドへの目的遺伝子の挿入

制限酵素を用いた遺伝子クローニングでは，遺伝子の両端に制限酵素により認識され切断される塩基配列が存在しないか，あるいは，遺伝子の途中で切断されるという問題のために，クローニングすることが困難な場合がある．また，真核生物ではほとんどのmRNAがスプライシングを受けるため，染色体を切断したDNA断片ではなくmRNAをクローニングしなければ翻訳されるタンパク質のアミノ酸配列はわからない．しかし，mRNAは1本鎖であるため，プラスミドに直接挿入することができない．これらの問題は，次に述べる**逆転写酵素**とポリメラーゼ連鎖反応法（**PCR法**）によって克服された．

8.4.2 逆転写によるcDNA合成

逆転写酵素はRNA依存性DNA合成酵素ともよばれ，1本鎖RNAを鋳型として相補的なDNA鎖（cDNA）を合成する酵素である．この反応は，セントラルドグマにおける転写とは逆にRNAからDNAが合成されるため，逆転写とよばれている．逆転写酵素はRNAに遺伝情報を保持しているレトロウイルスに存在することが，1970年に2つの論文で報告された．1つはバルティモア（Baltimore, D., 1938-）によるマウス白血病ウイルスとラウス肉腫ウイルスに関する論文で，もう1つはテミン（Temin, H. M., 1934-1994）と水谷哲（Mizutani,

8.4 遺伝子クローニングと PCR 法

S.) によるラウス肉腫ウイルスについての論文である。逆転写酵素の精製は複数の研究グループが 1972 年に成功した。

　逆転写酵素による cDNA 合成には，鋳型となる RNA に相補的な短い DNA 断片（プライマー）が必要である。真核生物の mRNA の 3′ 端には，転写された遺伝子にかかわらずアデニン (A) が連なったポリ A テールが存在する。そこで，相補的なチミン (T) が連なった DNA 断片をプライマーとしてポリ A テールと結合させることで，mRNA に選択的な 1 本鎖 cDNA の試験内合成が可能になった。1976 年には，複数の研究グループから，β グロビンの mRNA からの 2 本鎖 cDNA の試験管内合成とプラスミドへの挿入が報告された。しかし，それらの論文では 2 本鎖 cDNA 合成の効率は高くなく，少ない mRNA 量からは 2 本鎖 cDNA が合成されない可能性があった。

　1983 年に，2 本鎖 cDNA の試験管内合成法として，鋳型となった mRNA を cDNA と相補的結合をしたまま RNA 分解酵素により部分的に分解し，残った部分をプライマーとして DNA ポリメラーゼにより cDNA の相補鎖を合成する方法が報告された。この方法では原理的に，逆転写の鋳型となったすべての mRNA から 2 本鎖 cDNA が合成される。このような技術的改良によって，個体，組織あるいは細胞にて発現している様々な mRNA を 1 つの反応溶液中で，同時に 2 本鎖 cDNA まで合成することが可能になった。このような多種類の mRNA に由来する 2 本鎖 cDNA の集合は，cDNA ライブラリーとよばれている。一般に，cDNA ライブラリーはプラスミドに挿入し，大腸菌に形質転換した状態で維持されている。

8.4.3　PCR 法

　目的とする遺伝子の塩基配列が一部でも決定されていれば，その配列に相補的な DNA 断片（プローブ）を合成して cDNA ライブラリーを探索し，遺伝子のより広い範囲の塩基配列を調べることが可能である。また，cDNA を発現プラスミドに挿入すると大腸菌中でタンパク質へと翻訳されるため，このタンパク質に対する特異的な抗体（13 章，13.6.4 項参照）を用いて cDNA を探索することも可能である。

　かつて，特定の遺伝子について実験に必要な量の cDNA を得るためには，まず cDNA ライブラリーを挿入したプラスミドで大腸菌を形質転換し，次にプローブや抗体などを使って大腸菌を選別し，さらに大腸菌を大量培養してプラスミドを抽出し，最後にプラスミドから目的とする cDNA を制限酵素で切り出して精製する必要があった。この過程には，多くの手間と時間がかかっていた。しかし，PCR 法の開発によって，cDNA ライブラリーから特定遺伝子の mRNA 全長を含む cDNA を必要な量まで増幅することにかかる時間は，現在では 1 時間以下にまで短縮されている。

　PCR 法では，20 塩基程度のプライマーと DNA ポリメラーゼを用いて，目的とする 2 本鎖 DNA を指数関数的に増幅することができる。プライマーと DNA ポリメラーゼを用いて試験管内で DNA 鎖を複製する方法は，1970 年代

初頭に報告されていた。しかし，プライマーを 2 種類にして複製反応を繰り返すと，目的の 2 本鎖 DNA の増幅が可能になることに気づいたのは，マリス（Mullis, K. B., 1944-）であった。マリスは 1983 年に PCR の構想を思いつき，1985 年に所属していたシータス（Cetus）社の同僚とともに論文を発表した。

　PCR の反応に必要なおもな要素は，次の 4 つである。1 つ目は鋳型となる 2 本鎖 DNA で，増幅する塩基配列の全長を含んでいる必要がある。2 つ目は 2 種類の DNA プライマーの組合せ（プライマーセット）で，鋳型となる親鎖の 3′ 端と相補的に結合した際に，増幅する方向に向いている必要がある。3 つ目は DNA ポリメラーゼである。そして，4 つ目は 4 種類のデオキシリボヌクレオチド（dATP, dTTP, dGTP, dCTP）で，DNA ポリメラーゼが合成する娘鎖の材料となる。

　これらを DNA ポリメラーゼの反応に適した塩濃度と pH の溶液に入れ，次のような反応溶液の温度変化を繰り返すことで，プライマーセットに挟まれた DNA 鎖の複製が繰り返される。まず，溶液を 90℃ 以上の高温にする。この条件では，塩基間の相補的結合をつくっている水素結合が解消され，2 本鎖 DNA は 1 本鎖 DNA に解離してそれぞれ親鎖となる。次に，溶液の温度を 60℃ 程度まで冷却すると，2 種類のプライマーはそれぞれ，親鎖に対して相補的な領域に結合する。一方，鋳型となる 2 本の親鎖は長いので直ぐにはもとの 2 本鎖に戻らないが，プライマーは短いため速やかに相補的な塩基配列に結合する。この状態で，溶液を DNA ポリメラーゼの至適温度に変えると，この酵素はデオキシリボヌクレオチドを取り込みながらプライマーの 3′ 端から相補的な DNA 鎖が伸長し，娘鎖が合成される。再び，溶液の温度を 90℃ 以上にすると，娘鎖は鋳型となった親鎖から解離する。冷却すると，この娘鎖にもプライマーが結合して新たな親鎖となり，DNA ポリメラーゼを加えると相補的な DNA 鎖が合成される。このようにして，両端がプライマーセットで挟まれた DNA の 2 本鎖ができる。以後は同じ温度変化のサイクルを繰り返し，DNA リガーゼを加えるたびに，目的とする 2 本鎖 DNA の数は 2 倍ずつ増えていく。図 8.3 に PCR の過程を模式的に示した。

　図 8.3 の点線の矢印は 2 本鎖 DNA を 1 本鎖に解離させる加熱過程で，DNA

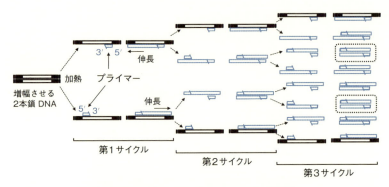

図 8.3　PCR 法による 2 本鎖 DNA の増幅過程

ポリメラーゼによりに伸長したDNA鎖を青色で示している。第3サイクルから，両端がプライマーで挟まれた2本鎖DNA断片（図8.3の点線枠内）が出現する。増幅過程で一端がプライマーにより規定されていない1本鎖DNAも複製されるが，その数はサイクル回数の2倍にしかならない。温度変化のサイクルを30回繰り返すと，プライマーセットで規定された2本鎖DNAは2^{30}倍に増幅されるが，一端が規定されていない1本鎖DNAは2×30倍と無視できる量である。

　マリスの原法では，大腸菌のDNAポリメラーゼを使用していたので，高温で酵素が失活してしまう。そのため，2本鎖DNAを解離させる高温処理ごとに，DNAポリメラーゼをPCR反応溶液へ補う必要があった。この操作は面倒なだけでなく，実験ミスの原因ともなり，PCRを行う際の大きな問題であった。しかし，高温でも失活しないDNAポリメラーゼを用いる改良方法が，1988年にサイキ（Saiki, R. K.）らによって報告された。サイキらの方法では，95℃でも生存する好熱菌 *Thermus aquaticus* から単離されたDNAポリメラーゼ（*Taq* ポリメラーゼ）が用いられている。*Taq* ポリメラーゼは，2本鎖DNAを解離させる90℃以上でもほとんど失活せず，至適温度が75℃程度である。そのため，温度変化だけで増幅を繰り返すことが可能になった。また，反応温度に関しては，プライマーが鋳型となるDNA鎖上の特異性の低い塩基配列に結合するような低温まで下がることはないので，増幅の精度が向上した。サイキらの改良によってPCRは，高速な温度変化が可能なサーマルサイクラーとよばれる機器で，自動的に行うことが可能になった。

　PCRに用いるプライマーには，鋳型となるDNA鎖の5′端と相補的な塩基配列に加えて，その上流に特定の制限酵素により切断される塩基配列を付加することが可能である。例えば，増幅配列内に存在しない切断配列を付加すると，増幅した2本鎖DNA断片の末端を切断する制限酵素で処理することで，同じ制限酵素で切断したプラスミドへの増幅したいDNA鎖全長のクローニングが可能になる。

8.5　組換えインスリン

8.5.1　インスリン

　インスリンは，哺乳類において血液中のグルコース濃度を低下させるペプチドホルモンである（11章参照）。哺乳類では，膵臓ランゲルハンス島のβ細胞がインスリンを生合成している。糖尿病は血中グルコース濃度が高いため血管が脆くなり，体に様々な異常が起こる病気である。原因の1つは，β細胞の数が減少し，血中のインスリン濃度が低くなるためである。減ったβ細胞の数はもとに戻らないので，治療にはインスリンを外部から供給する必要がある。そのため，インスリンは，1921年のバンティング（Banting, F. G., 1891-1941）とベスト（Best, C. H., 1899-1978）による発見直後から，糖尿病治療薬としての利用が始まった。

8.5.2 組換えインスリン

1970年代まで，インスリンはウシやブタなどの膵臓から精製されており，1人の糖尿病患者が1年間に使うインスリンを賄うには，約70頭分のブタ膵臓が必要であった。糖尿病患者は年々増加していたため，将来のインスリンの不足が危惧されていた。また，インスリンのアミノ酸配列には，ヒトとウシで3か所，ヒトとブタとは1か所の違いがある。そのため，ウシやブタのインスリンの使用を続けると，患者の体内でそれらに対する抗体がつくられるようになり，インスリンの作用低下やアレルギー反応が問題となっていた。これらの問題を克服するために，1970年代後半に，それまでに急速な進歩を遂げていた遺伝子組換えの技術を用いて，ヒトインスリンの大腸菌による生産の試みが始まった。

1970年代にはヒトインスリンのcDNAはまだ単離されていなかったが，そのアミノ酸配列は1956年に決定されていた。インスリンは，21個のアミノ酸が繋がったポリペプチドA鎖と30個のアミノ酸が繋がったポリペプチドB鎖が2か所のジスルフィド結合で連結され，さらに，A鎖内に1か所，ジスルフィド結合が存在する構造をしている（図8.4）。

そこで，1970年代後半に，A鎖とB鎖それぞれのcDNAを化学合成してプラスミドへ挿入し，形質転換された大腸菌内でのA鎖とB鎖の発現が試みられた。1978年には，別々の大腸菌に発現させたA鎖ペプチドとB鎖ペプチドから，正しいジスルフィド結合があるヒトインスリンを試験管内でつくることに成功した。このときのヒトインスリンの収量は極めてわずかであったが，1983年には糖尿病治療薬として，この方法でつくられたヒトインスリンの販売が始まった。

インスリンのA鎖とB鎖は遺伝子が異なるわけではなく，β細胞内でA鎖領域とB鎖領域の間にC鎖とよばれる領域をもつ1本のポリペプチドとして翻訳される。このポリペプチドはプロインスリンとよばれ，A鎖領域とB鎖領域に3つのジスルフィド結合が形成された後に，タンパク質分解酵素でC鎖領域が切断され，β細胞外へ分泌される。1979年にヒトインスリンのcDNAがクローニングされると，これを大腸菌に発現させ，プロインスリンペプチドを得ることが可能になった。試験管内でプロインスリンペプチドにジスルフィド結合を形成させた後にタンパク質分解酵素でC鎖領域を切断したところ，

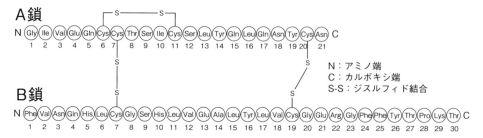

図 8.4 インスリンの構造

別々に発現させたA鎖とB鎖を用いる方法に比べて，正しいジスルフィド結合が高い効率で形成され，最終的な収量も多かった。このプロインスリンを用いる方法で製造されたヒトインスリンは，1986年に糖尿病治療薬として販売が始まった。

8.5.3 組換えインスリンの改良

インスリンは単量体でホルモンとしての活性を示すが，ヒトインスリンは高純度に精製すると6量体を形成する。インスリン6量体は皮下注射されても毛細血管から血中に吸収されず，徐々に6量体から2量体へ，そして単量体まで解離して吸収されていく。そのため，ヒトインスリン製剤には，皮下注射から作用が現れるまでに時間がかかり，作用時間が必要な時間よりも長くなる欠点があった。1969年にホジキン（Hodgkin, D. C., 1910-1994）により報告されたインスリンの立体構造から，6量体形成にかかわるアミノ酸残基は明らかにされていた。そこで，それらのアミノ酸残基を異なるアミノ酸残基に置き換えた人工インスリン類似体の研究が進められた。その結果，プロインスリンcDNAのコドンを改変することでB鎖の28番目と29番目のアミノ酸を入れ替えた人工インスリン類似体（インスリンリスプロ）などが開発され，1996年に糖尿病治療薬として販売が始まった。

現在では，インスリン活性を保持し，アレルギーを引き起こさないように，ヒトインスリンのアミノ酸配列は様々に改変され，天然のものにはない特徴をもつ人工インスリン類似体が糖尿病治療薬として利用されている。

8.6　クローン生物とゲノム編集

8.6.1　クローンとは

まったく同じ遺伝情報をもった生物の個体が複数存在する場合，互いをクローンとよぶ。例えば，1個の単細胞生物が細胞分裂を繰り返して増殖すると，その子孫はすべてクローンである。多細胞の動物にも，クローンをつくり増殖するものがある。刺胞動物のヒドラは，体の側面から新たな個体が成長してちぎれ個体数を増やす。昆虫のアブラムシは，減数分裂を経ずにつくられた卵が受精せずに新たな個体として発生する。脊椎動物でも，淡水にすむ魚類であるギンブナには，減数分裂を経ずにつくられた卵がそのまま新たな個体として発生する集団が存在する。いずれの動物種や集団でも，増殖した個体は同一の遺伝情報をもつクローンである。哺乳類はクローンで増殖することはないが，何らかの原因で1個の受精卵が発生初期の段階で分割され，それぞれが個体として成長し1卵性多胎となることがある。この場合，各個体はクローンである。

クローン動物を成熟した個体の体細胞からつくることに初めて成功したのは，イギリスの生物学者ガードン（Gurdon, J. B., 1933-）である。ガードンは1962年に，核を取り除いたアフリカツメガエルの未受精卵へ幼生の小腸上皮細胞の細胞核を移植すると，正常な個体が発生することを報告した。このクロ

ーン作製方法は「体細胞核移植」とよばれ，分化した細胞の核にも個体を形成するためのすべての遺伝子が存在し，それからクローンの作製が可能であることを示す画期的な成果であった。2012年，ガードンは人工多能性幹細胞（iPS細胞）を作製した山中伸弥（Yamanaka, S., 1962-）とともに，ノーベル生理学・医学賞を受賞した。

8.6.2 クローン化技術の発展

ウシやブタなどの家畜は交配で繁殖させるため，優良な形質をもつ個体を親としても，子孫にその形質が遺伝するとは限らない。また，優良な形質に複数の遺伝子がかかわる場合は，その形質を交配で維持・再現することは困難である。そのため，成長した哺乳動物の個体から，人工的にクローンをつくりだす技術が求められていた。

体細胞核移植による哺乳動物のクローン個体作製は，1997年にウィルムット（Wilmut, I., 1944-）らによって，低血清培地で培養され分裂の止まったヒツジ乳腺上皮細胞の核を用いることにより成功した。翌1998年には，モデル実験動物のマウスと家畜のウシで体細胞核移植によるクローンの作製が，それぞれ若山照彦（Wakayama, T., 1967-）らと加藤容子（Kato, Y.）らによって報告された。どちらの報告でも，組織の細胞を培養することなくクローン個体が作製された。2005年までには，ブタ，ネコ，ラット，ウマやイヌなど，飼育されているおもな哺乳動物種において体細胞核移植によるクローン個体の作成が報告された。

初期のクローン作製では，核移植卵の出産率が低いこと，クローン個体に異常が多いことや寿命が短い可能性など，様々な問題が指摘されていた。また，クローン個体からの再クローンを行うと出生率が下がり，数世代しか続かず，家畜品種の維持には問題であった。しかし，これらの問題のほとんどは，核移植卵を子宮に移すまでの培養条件の改良によって改善されていった。2013年，マウスでは20世代を超える再クローンが可能で，出産率も10%以上が維持されることが，若山らによって報告された。再クローンが繰り返された個体の寿命と繁殖能力に，クローンではない個体と差はなく，また再クローン個体の細胞年齢の指標となる染色体のテロメアの長さにも異常がないことが示されている。

8.6.3 トランスジェニック，遺伝子ノックアウト，遺伝子ノックイン

動物や植物の遺伝子の人為的な操作には，生命科学の実験技術としての利用だけでなく，遺伝病の治療などの医学的な応用や，作物・家畜の品種改良などの農業的な応用も期待される。そのため，様々な方法が開発されてきた。

外来遺伝子を動物や植物の細胞に導入する方法として，大腸菌で用いられているプラスミドが遺伝子の運び屋（図8.1，ベクター）として利用されている。導入された遺伝子のDNAは，頻度は低いが，細胞の染色体DNA（ゲノム）のどこかに組み込まれることがある。ゲノムに外来遺伝子が組み込まれた細胞を

効率的に選別できるように，細胞の形質に特徴を与える遺伝子も同時に導入する。例えば，目的遺伝子とともにマーカー分子を発現する遺伝子を含むベクターを用いると，遺伝子のゲノムへの組み込みが起こった細胞をマーカーによって選別することができる。

　植物では1個の体細胞から個体を発生させることが可能なため，様々な作物で，植物には存在しない遺伝子がゲノムに組み込まれた細胞から新規品種がつくられている。動物は受精卵からしか個体が発生しないため，遺伝子導入個体をつくる方法は植物に比べずっと複雑である。例えば，哺乳動物のマウスで外来遺伝子組み込み個体をつくるためには，まず，全能性細胞である胚性幹細胞（ES細胞）のゲノムに目的とする遺伝子を組み込む。次に，遺伝子導入後のES細胞を同じ種の受精卵に注入し，新たな個体を発生させる。ES細胞はあらゆる細胞への分化能をもつため，この個体ではES細胞と受精卵の細胞のそれぞれに由来する細胞が入り混じっている。このような個体は，キメラとよばれる。さらに，キメラ個体どうしを交配させ，遺伝子導入したES細胞に由来する精子と卵子が受精すると，すべての細胞が目的とする遺伝子が組み込まれたゲノムをもつマウス個体を得ることができる。外来遺伝子がゲノムに組み込まれた生物を，トランスジェニック生物という。

　特定の遺伝子を標的とした操作は，より複雑である。まず，標的遺伝子の塩基配列に人為的な改変を加え，その領域を含むDNA断片を細胞内に導入する。細胞は増殖する際に細胞分裂に先立ってゲノムを複製するが，このときに塩基配列がほとんど一致しているDNA断片が存在すると，このDNA断片とゲノムの間に入れ換えが起こることがある。この現象は，相同組換えとよばれている。人工的なDNA断片とゲノム間の相同組換えが起こった細胞をもとに，ゲノム改変個体が作製される。遺伝子の機能を失わせるゲノム改変をノックアウト，染色体の場所を特定して遺伝子を挿入するゲノム改変をノックインとよんでいる。

　哺乳動物の細胞で相同組換えが起こる頻度は，100万分の1程度しかない。そのため，トランスジェニック生物を作製する場合と同様に，マーカー遺伝子も入れ換えが起こるDNA断片に挿入するのが一般的である。例えば，遺伝子組換えマウスを得る場合には，改変遺伝子とマーカー遺伝子を含むDNA断片をマウスES細胞に導入し，ゲノムに相同組換えが起こったES細胞をマーカーによって選別する。遺伝子組換えES細胞が得られれば，トランスジェニックマウスの作製と同じ手順で，すべての細胞が遺伝子組換えゲノムをもつマウス個体を得ることができる。

8.6.4　ゲノム編集

　これまでは相同組換えを利用して，遺伝子のノックアウトやノックインが行われてきた。しかし，人工的な2本鎖DNAと染色体の間で相同組換えが起こる頻度は生物種によって大きく異なり，技術が利用できる生物はマウスなどの一部のモデル実験動物種に限定されてきた。そのため，生物種に依存せず染色

体の遺伝子を直接操作できる技術が求められてきた。

近年，人工のヌクレアーゼを利用した標的遺伝子の改変技術が開発されてきた。そのような技術を用いた遺伝子操作は，ゲノム編集とよばれている。代表的なゲノム編集法として，ZFN (zinc finger nuclease) 法，TALEN (transcription activator-like effector nuclease) 法，CRISPR/Cas9 (clustered regularly interspaced short palindromic repeats / CRISPR associated protein 9) 法があげられる。ZEN は，転写調節因子などがもつジンクフィンガーモチーフとよばれる DNA 結合ドメインと 2 本鎖 DNA を切断するヌクレアーゼを連結した人工酵素で，1997 年に発表された。ジンクフィンガーモチーフは二重らせんの特定の塩基配列に結合するように設計できるため，連結されたヌクレアーゼがその脇で 2 本鎖 DNA を切断する。しかし，ZFN ではジンクフィンガーが設計通りに DNA の塩基配列を認識しない場合があった。そこで，ジンクフィンガーモチーフを植物病原菌 Xanthomonas 由来の TAL エフェクターとよばれる DNA 結合タンパク質に代えた人工ヌクレアーゼが，TALEN として 2011 年に発表された。TAL エフェクターには 2 アミノ酸残基の可変領域があり，標的遺伝子の塩基配列に特異的な DNA 結合ドメインを構築できる。TALEN の作製は ZFN に比べ容易であったことから，多くのモデル生物で利用されている。

ZFN や TALEN によって染色体の 2 本鎖 DNA が切断されると，非相同末端結合 (nonhomologous end-joining: NHEJ) 経路あるいは相同組換え経路によって修復される。NHEJ 経路では，切断によって出現した末端どうしが繋ぎ直される (図 8.5 (a))。しかし，その際に数塩基の欠失や挿入が起こりやすいため，高い頻度で切断された遺伝子は機能を失ってしまう (図 8.5 (a) 変異)。また，

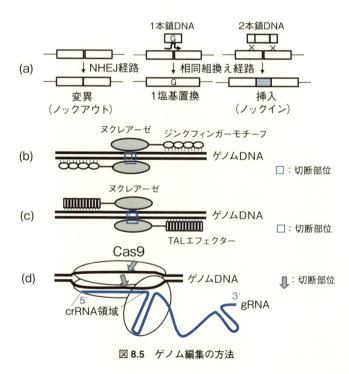

図 8.5　ゲノム編集の方法

相同組換え経路では，切断部位周辺と塩基配列が相同な DNA 鎖を利用して修復する。そのため，配列の一部を改変した 2 本鎖 DNA を細胞に導入しておくと，高い頻度でその DNA 鎖を取り込んで修復される（図 8.5(a) 1 塩基置換，挿入）。つまり，人工ヌクレアーゼを用いると，遺伝子のノックアウトとノックインを容易に行うことができる。加えて，DNA 鎖の修復は必ず起こるため，受精卵に人工ヌクレアーゼと改変 2 本鎖 DNA を注入するだけで，ES 細胞を使わずに遺伝子組換え個体の作製が可能である。ZFN 法（図 8.5(b)）と TALEN 法（図 8.5(c)）では，標的塩基配列に合わせて専用の人工ヌクレアーゼを設計し，それを発現するベクターを構築する。このベクター構築は，TALEN 法でもまだ複雑だった。しかし，シャルパンティエ（Charpentier, E. M., 1968-）とダウドナ（Doudna, J. A., 1964-）により 2012 年に発表された CRISPR/Cas9 法では，ヌクレアーゼである Cas9 は共通で，Cas9 を 2 本鎖 DNA に誘導する gRNA を標的配列に合わせて設計すれば 2 本鎖 DNA の切断が可能である（図 8.5(d)）。gRNA は 100 塩基程度の 1 本鎖 RNA で，5′ 端側の 20 塩基の crRNA とよばれる領域で標的 DNA 配列と相補的な結合を形成し，残りの部分で Cas9 に結合する。crRNA 配列の入れ換えは，分子生物学の一般的な実験手法によって行える。そのため，CRISPR/Cas9 法は，低コストで容易なゲノム編集技術として瞬く間に広まった。また，CRISPR/Cas9 法は染色体 DNA の切断効率とその再現性が他のゲノム編集法よりも高いことから，これまで遺伝子操作が困難だった様々な非モデル実験生物においても用いられるようになった。また，家畜では培養した体細胞でゲノム編集を行い，その細胞核を用いた体細胞核移植によるクローン個体の作製も試みられている。

演習問題：ゲノム編集とヒトへの応用についての問題点を簡潔に述べなさい。

コラム

クモの糸のアウタージャケット

　QMONOS® は，ニワオニグモがつくる "クモの糸" の中でも特に強い大吐糸管しおり糸の主成分であるタンパク質 ADF3 と ADF4 のアミノ酸配列を参考にして設計された人造ポリペプチド素材である。クモの糸は強靭なことから繊維素材への利用が研究されてきたが，クモは攻撃性が高く肉食であるために，絹糸をつくるカイコのような高密度飼育によるクモの糸の大量生産は不可能だった。しかし，QMONOS はポリペプチドであり，そのアミノ酸配列情報をもつ DNA 断片を組み込んだ発現ベクターで大腸菌を形質転換することにより，大腸菌での大量生産が可能になった。QMONOS® からつくられた人造ポリペプチド繊維は，クモの糸と同様に炭素繊維やアラミド繊維に近い強度とゴムのような伸性をもつことから，新たな機能繊維として注目され，"MOON PARKA®" と名づけられたアウタージャケットが 2015 年に試作・発表された。また，QMONOS® は，石油化学製品にはない生分解性を有する点から，持続可能な資源としても注目されている。

9 生命現象を読み解くシステムバイオロジー

9.1 はじめに

分子生物学・細胞生物学の進歩により，生命現象に関する細胞レベルや分子レベルの情報が蓄積された。20世紀末には，ヒトの器官・細胞・生体高分子など，各階層の「システム（ギリシャ語で「組み立てた物」の意）」を構成する要素の相互作用を，経時的に詳しく解析するシステムバイオロジーとよばれる学問分野が誕生した。生体システムのネットワークに着目し，個々に解析されてきた膨大な数の要素を相互作用に基づいて繋ぎ合わせ，着目した生命現象の「システムとしての振舞い」を理解することが目的となっている。本章では，システムバイオロジーの基本理念を理解し，個々の現象がどのようにして解析されてきたかを学んでいきたい。

〈生体制御機構としての可逆的なタンパク質リン酸化の発見〉
ノーベル生理学・医学賞（1992）
エドモンド・フィッシャー（Fisher, E. H., 1920-）
エドヴィン・クレーブス（Krebs, E. G., 1918-2009）
ホルモンなど細胞外の情報伝達分子により引き起こされる酵素の活性化/不活性化についての一連の研究から，酵素が可逆的にリン酸化されることを見いだした。この可逆的な反応では，タンパク質リン酸化酵素（プロテインキナーゼ）がATPのγ位のリン酸基をタンパク質のセリンやスレオニンなどのアミノ酸残基のヒドロキシ基に転移させる。このリン酸化によりタンパク質の構造と機能は変化し，細胞内の目的とする代謝経路を促進することが可能になる。リン酸化された酵素が代謝反応を完了させると，タンパク質脱リン酸化酵素（プロテインホスファターゼ）は酵素からリン酸基を取り除き，タンパク質の構造はもとの不活性型に戻る。これとは別に，リン酸化により不活性化される酵素もある。このリン酸化/脱リン酸化サイクルは細胞内の様々な代謝経路の調節を行っている。

Keyword

システムバイオロジー，ホメオスタシス，サイバネティックス，フィードバック制御，ロバストネス，フラジリティ，トレードオフ，蝶ネクタイ構造

9.2 システムバイオロジーにかかわる科学史

　生命現象は非常に多くの要素が複雑に絡み合っている。生理学（physiology）は，16世紀にフランスの医師フェルネル（Fernel J., 1506-1558）により初めて用いられた言葉で，生体の個体レベルや組織レベルでの振舞いを機能の側面から理解するために，古くから発展してきた。20世紀中頃までに，生体を機械と同様にシステムとして捉える考えが広まり，ホメオスタシス（恒常性）を始めとする様々な概念が提唱された。しかし，この時代は分子生物学の黎明期であり，生命現象の主体となる構成要素，遺伝子やタンパク質に関する分子レベルでの解析はまだ少なく，生理学や数学の枠組みの中で現象論的，抽象的なものであった（表9.1）。その後，分子生物学の進展とともに遺伝子発現パターンなど，生命現象に関する多くの情報が蓄積された。

　1998年，コンピュータサイエンスの第一人者，北野宏明（Kitano, H., 1961-）によりコンピュータ上で生命現象を再構築する試みが行われ，システムバイオロジーの概念が提唱された。21世紀初頭には，ヒトゲノム解析が完了し，遺伝子とその産物であるタンパク質の発現パターンの網羅的な解析などから，精度の高い情報が蓄積されてきている。コンピュータの性能の急速な向上と相まって，システムバイオロジーにより生体を構成する要素間の相互作用の経時的な解明はさらに進展している。

9.2.1 キャノンによるホメオスタシスの概念

　アメリカの生理学者キャノン（Cannon, W. B., 1871-1945）は，1932年，著書"The Wisdom of the Body（からだの知恵）"の中で，高度に進化した動物が体内環境を一定の安定した状態に保とうとする「ホメオスタシス」の概念を提唱した。中でも，キャノンは血液中の様々な要素に注目し，各々のホメオスタシスについて考えをまとめている。例えば，血糖の恒常性については，ある範囲内で変動するが定常的な状態を保つため，血糖値が上昇し閾値を超えた場合

表9.1　システムバイオロジーに関連する科学史

西暦	科学者	史実
1932	ウォルター・キャノン	自律神経系や内分泌系による体内平衡状態の維持に関するホメオスタシスの概念を提唱
1948	ノーバート・ウィーナー	生物と機械での通信，制御，情報処理に関する総合科学としてのサイバネティックスを提起
1950	ルートヴィヒ・フォン・ベルタランフィ	電子回路や生体，社会集団などの様々な現象をシステムとして捉える一般システム論を提起
1966	ジョン・フォン・ノイマン	Theory of Self Reproducing Automata（自己増殖オートマトンの理論）にて，自己増殖の概念を提唱
1998	北野宏明	線虫の発生過程をコンピューター上で再現し，システムバイオロジーの概念を提唱

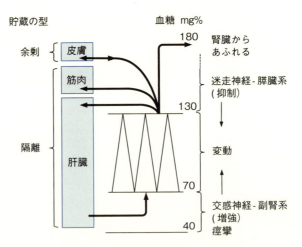

図 9.1 血糖の恒常性を維持する仕組み

は，迷走神経−膵臓系の活動に伴い分泌されるインスリンにより抑制され，一方，低血糖状態になれば，交感神経−副腎系の活動に伴い分泌されるアドレナリンにより，正常な範囲に戻すと記述している（著書が刊行された時点では，膵臓から分泌されるグルカゴンの機能については不明）。さらに，外界のあらゆる変動に対して，内部環境を安定に保つための主要な機構として，自律神経系による自己調節作用を取り上げている（図9.1）。

9.2.2 ウィーナーによるサイバネティックスの提起

1948年，アメリカの数学者ウィーナー（Wiener, N., 1894-1963）は，著書"Cybernetics: or the Control and Communication in the Animal and the Machine（サイバネティックス：動物と機械における制御と通信）"にて，動物と機械をシステムとして捉え，通信，制御，情報処理などの問題を統一的に取り扱う学問として，サイバネティックス（ギリシャ語で「舵手」の意）を提起した。船の場合，風向きや潮の流れの変化を予測して最も都合のよいように舵をとり，最適な航路を船が進むようにすることである。これを可能にするためには，船の操舵はフィードバック制御により調整されなければならない。すなわち，与えられた船の航路と実際の航路との差を新たな入力として使い，操舵装置を作動させて望ましい航路に近づけることである。しかし，動作の遅延によりフィードバックが行き過ぎると，船は反対方向に回りすぎて蛇行してしまい，乱調が生じる。そのため，フィードバック系では，調節系の操舵装置の動作は，船にかかる負荷によりあまり影響を受けないようにしてある。

一方，動物は神経とよばれる通信系によって結びつけられたシステムで，入力系である感覚神経からの情報をもとに，出力系である運動神経を介して筋肉を収縮させ，随意運動を行っている。この神経系に特徴的な機能は，「自己受容性」の感覚を伝える経路が含まれることであり，「筋紡錘」とよばれる組織が抑制性のフィードバック経路として機能し，随意運動が行き過ぎたり，不十

9.2 システムバイオロジーにかかわる科学史

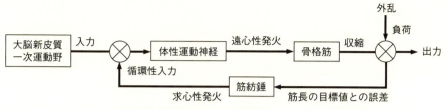

図 9.2　自己受容性の筋紡錘による運動系のフィードバック制御

分であったりしないようにしている (図 9.2)。

　サイバネティックスにおけるフィードバック制御では，予測により滑らかな出力を実現する必要がある。そのため，通報（神経系における情報の伝搬）は「時間的」に分布した測定可能な事象の離散的あるいは連続的な系列でなければならない。すなわち，刻々と変化する事象に対応するため，現時点の出力状況を把握して，次の状況を予測してシステムを制御することがサイバネティックスには必要とされている。

9.2.3　ベルタランフィによる一般システム論の提起

　オーストリアの生物学者ベルタランフィ (von Bertalanffy, L., 1901-1972) は，1950 年に「*An Outline for General System Theory*」と題した論文にて，一般システム論の概要を発表した。その後，1968 年に刊行した著書の中で，生物のシステムとしての特性は，様々な成分の交換により「定常状態」に保たれている開放システムであり，その構成要素は相互に依存した動的関係を有することであると述べている (図 9.3)。

　この定常状態の過程には 2 種類あり，1 つは，生体システム自身から由来する自動的な周期過程（呼吸器官，循環器官，消化器官などの自律したリズムを有する過程，並びに，中枢神経系における脳の律動的な活動と自動的な運動過程）である。もう 1 つは，環境の一時的な変化，「刺激」に対して，生体の定常状態における可逆的な「ゆらぎ」により応答する過程である。生物において定常状態が一定範囲に維持されるためには，開放システムとして，これらの諸過程の速度が正確に調整される必要がある。すなわち，時間的変化と階層的な秩序（例えば，細胞レベルでの異化や同化代謝や器官レベルでの機能など）において，生体システムは一定の予測可能な数学的特徴を備えており，必要な場合

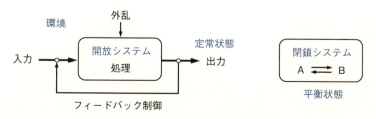

図 9.3　開放システムと定常状態

103

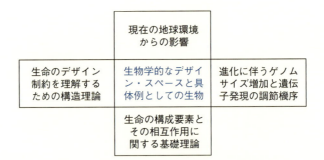

図 9.4　生物学的デザイン・スペースと拘束条件

には巧妙なフィードバック制御により調節され，全体としてまとまっている。

9.2.4　北野宏明によるシステムバイオロジーの提唱

北野宏明は1998年に発表した論文「*The perfect C. elegans project: an initial report*」で，線虫の発生過程をシミュレーションし，初期胚の細胞系譜の自動解析法を確立して，システムバイオロジーの概念を提唱した。この考えでは，生体システムの理解は，それを構成する要素そのものの解析ではなく，どのような原理で構成要素が相互に作用し合っているか解明することにより達成されるとしている。さらに，学問としての体系を4つのレベルに分類し，システムをありのまま理解する受動的な2つ，システム構造とシステムダイナミクス（構成要素の相互依存性から派生する動的な関係），並びに，システムに積極的にかかわる能動的な2つ，システム制御とシステム設計について，それらの生命現象を踏まえた特性を理解する必要性を説いている。生体システムの設計に関しては，生物は過去の地球における進化の過程と，現在の環境による影響を受けているので，これらのもとでの生物学的なデザイン・スペース（設計領域）の拘束条件を示す必要がある（図9.4）。

9.3　システムバイオロジーの基礎

9.3.1　システムのロバストネス

ロバストネス（robustness）はシステムバイオロジーの中では堅牢性の意味で用いられている。すなわち，外乱や内乱により生体がダメージを受けたとき，システムとしての能力を維持するために必要とされる手法が備わっていることである。ロバストネスを向上させる手法としては，システム制御，耐故障性，モジュール化，デカップリングがあり，これらの手法を組み合わせて行うことによりシステム全体のロバストネスは高くなる。

(1)　システム制御

システム制御（system control）は，開放系システムの定常状態を安定に保つための調節方法。生体システムではいくつかのフィードバック形式によりホメオスタシスが保たれている。

9.3 システムバイオロジーの基礎

(2) 耐故障性

耐故障性 (fault tolerance) とは，本来は欠陥があってもそれを許容することを意味する。システムに故障が生じた場合でも，その稼働を継続させる方法や技術をさす。生命現象では冗長性と多様性が例としてあげられる。

(3) モジュール化

モジュール (module) は特定の機能を有する単位のこと。機能別に区切られたモジュールを組み合わせることで，より多くの異なる形態が生み出される。生体システムでは器官レベルや細胞レベルでモジュール化 (modularization) されている。

(4) デカップリング

デカップリング (decoupling) は，コンピュータ用語では「非干渉化」という意味に用いられている。本来は「関連を断ち切る」という意味で，生命現象では，熱などの外乱や遺伝子変異など内乱に対して，影響を受けないシャペロン修復機構が例としてあげられる。

生物では遺伝子 DNA から必要とされる遺伝情報は読み取られタンパク質が生合成される (セントラルドグマ，4 章，4.3.4 項参照)。その際，火傷や体細胞の遺伝子変異によりタンパク質が変性して，その高次構造が異常を来しても，様々な修復機構が働くようになっている。例えば，膜タンパク質や分泌タンパク質は粗面小胞体 (2 章，2.3.2 項参照) でつくられるが，この小胞体内に変性タンパク質が増えると，すでに存在しているシャペロンは結合している小胞体膜タンパク質から離れ，変性タンパク質に結合して高次構造の修復にあたる。この場合，シャペロンはタンパク質変性の擾乱 (じょうらん，秩序をかき乱すこと) とは「デカップリング」されており，これと並行して，シャペロンが外れた小胞体膜タンパク質は情報伝達分子となり，このストレスに対応するための一連の防御反応が開始される。このネットワークの中で，ストレスに耐えられない細胞はアポトーシスとよばれる細胞死により組織から除去される (図 9.5)。これは組織には同じ機能を有する細胞が多数存在するという冗長性による「耐故障性」にあたる。一方，正常時にシャペロンが結合している小胞体膜タンパク質は 3 種類あり，ストレスの強さに応じて，情報伝達分子としての機能を発揮する。これら 3 種類の情報経路は機能別に「モジュール化」されており，正確に標的まで小胞体内の状況が伝わる。この現象はストレス応答経路の多様性にも関連しており，擾乱の規模に対する「耐故障性」に繋がる。また，1 つの情報経路ではフィードバック経路により，セントラルドグマの翻訳経路が抑制されて，新たなタンパク質合成は阻止される。これは「システム制御」による細胞内ホメオスタシスの調節に相当する。ストレスが長引くと，経時的に細胞修復からプログラム化された細

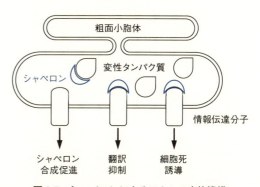

図 9.5 シャペロンによるストレス応答機構

胞死へと情報伝達経路はシフトしていく。

9.3.2 システムのフラジリティ

フラジリティ (fragility) とは，動的不均一性の増大（衝撃により損害が出やすいこと）で脆弱性と訳される。一方，*vulnerability*（傷つきやすいこと，弱み）も脆弱性の意味で使われるが，「無防備な状態」で微かな不都合でシステムが機能しなくなる状態をさす。システムバイオロジーでは，ロバストネスの反対語としてフラジリティが用いられている。

一般に，システムのある領域のロバストネスを高くしていく過程で，必ずフラジリティを内包する領域が生まれる。この現象をトレードオフ (trade-off) といい，元々は「より有利なものを得るために何かを差し出す取引」を意味している。システムバイオロジーでは，進化の過程で生命に備わったロバストネスはシステムのモジュール化にも依存することを取り上げている。しかし，モジュール間には何らかの蝶ネクタイ構造 (bow-tie structure) が存在し，その節点 (node，複数の要素と結びついた接続ポイントとなる要素のこと) が攻撃されると，システムとして機能しなくなるフラジェリティに繋がることがある。

例えば，哺乳動物の免疫系には，侵入してきた非自己を直ちに攻撃する先天性免疫（自然免疫）系のモジュールと非自己に対し特異的な抗体を作り出す後天性免疫（獲得免疫）系のモジュールがある（13章，13.5節，13.6節参照）。この2つの免疫系モジュール間にはヘルパーT細胞が「節点」として存在している。しかし，ヒト免疫不全ウイルス (human immunodeficiency virus: HIV) はヘルパーT細胞に感染し，細胞を破壊するので，生体のロバストネスとして進化の過程で構築されてきた後天性免疫系は機能しなくなる。そのため，非自己に対する特異的な抗体はつくられず，「日和見感染」により患者は死亡してしまう。HIV感染による後天性免疫不全症候群 (acquired immune deficiency syndrome: AIDS) はトレードオフにより，免疫系にフラジリティが生じた例として知られている（図9.6）。

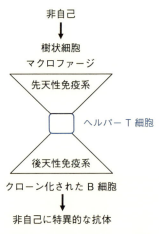

図 9.6 免疫系の蝶ネクタイ構造

9.4 システムバイオロジーによる解析例

(1) 細胞レベルの解析例：タンパク質リン酸化における巧妙な仕組み

MAPキナーゼカスケード (cascade, 連続したもの) は進化的によく保存された細胞内リン酸化シグナル伝達経路の1つで，上流からMAPキナーゼキナーゼキナーゼ (MAPKKK)，MAPキナーゼキナーゼ (MAPKK)，MAPキナーゼ (MAPK) へと「タンパク質リン酸化」により信号が伝達される（図9.7）。

MAPキナーゼカスケードは外部からの刺激物質（ホルモン，細胞増殖因子，神経栄養因子など）が細胞表面にある受容体に結合すると活性化され，必要に応じて，細胞の増殖，生存維持や卵成熟など，細胞レベルの生命現象に重要な

9.4 システムバイオロジーによる解析例

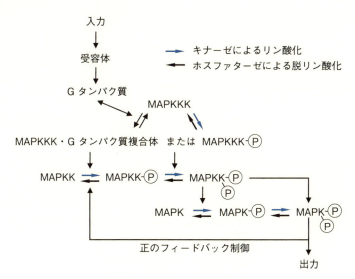

図 9.7 MAP キナーゼカスケード

役割を果たしている。

　このMAPキナーゼカスケード反応の特性は，プロゲステロン（黄体ホルモン）によるアフリカツメガエル卵の成熟過程の解析により明らかにされた。プロゲステロン刺激により個々の卵細胞でMAPKのリン酸化がどのように応答するか調べたところ，ホルモン濃度変化に対して，連続的な応答でなく2極化したものであった。すなわち，プロゲステロンのある濃度を境にして，MAPKリン酸化は急激に亢進し，スイッチ的挙動を示した。この現象を酵素反応速度論的に解析し，シミュレーションしたところ，(1) MAPKKとMAPKのリン酸化は2か所あり，1か所ずつリン酸化されるという「2衝突モデル」によるシグモイド状の過剰応答性，(2) 活性化されたMAPKによるMAPKKK（プロゲステロンの系ではMosとよばれるキナーゼが関与）リン酸化という正のフィードバック制御により達成されることが示された。これらの結果から，生命現象においては，連続的なアナログ入力に対して，デジタル的な2極化した応答を示す場合がある。Mosがかかわる情報伝達経路では，MAPキナーゼカスケードはこのようなステップ状応答を引き起こす中心的な役割を果たしていることが明らかにされた（図 9.8）。

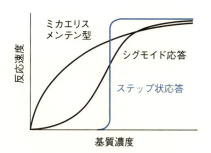

図 9.8 2極性のステップ状応答

(2) 生体レベルの例：II 型糖尿病の発生メカニズム

　II型糖尿病は生活習慣病の代表としてよく知られている。血糖値に影響を及ぼす生体内モジュールとしては，5種類の経路が明らかにされている（表 9.2）。

　これらの中で血糖値を低下させるモジュールは1種類だけで，インスリンによる「エネルギー備蓄」モジュールしかない。食事により摂取した炭水化物は小腸で消化され，グルコースとして吸収されて血糖値が上昇すると，膵臓のラ

表 9.2　血糖値調節モジュール

エネルギー蓄積	インスリン
エネルギー体内摂取	レプチン，グレリン
エネルギー産生	グルカゴン
緊急エネルギー供給	アドレナリン
エネルギー細胞取込み	TNFα，アディポネクチン

ンゲルハンス島 β 細胞からインスリンが分泌される。このペプチドホルモンはグルコース輸送体（glucose transporter）の一種，インスリン感受性 GLUT4 に結合して，グルコースの細胞内への取り込みを活性化する。GLUT4 は主として脂肪細胞と横紋筋（骨格筋や心筋）に発現しており，グルコースはこれらの細胞に急速に取り込まれる。その結果，血糖値は正常範囲まで低下し，グルコース・ホメオスタシスが保たれる。細胞に取り込まれたグルコースは脂肪細胞では脂肪に，横紋筋ではグリコーゲンに変換され，エネルギーとして備蓄される。しかし，生活習慣病による肥満は脂肪細胞にストレスを与え，脂肪蓄積により肥大化した脂肪細胞から 2 種類の情報伝達分子が分泌される。1 つは，肥満により炎症を起こした脂肪細胞の周囲に集まるマクロファージ（先天性免疫細胞の一種，13 章参照）から分泌された腫瘍壊死因子 α（TNF-α）とよばれるタンパク質である。もう 1 つは，脂肪細胞内で過剰にある脂肪の分解により生じた遊離脂肪酸（FFA）である。いずれも，インスリン受容体からの情報伝達経路を遮断するため，「インスリン抵抗性」が生じる（図 9.9）。

一方，グルコース細胞内移行の長期的調節モジュールとして，グルコース・ホメオスタシスが維持されている脂肪細胞から分泌されるアディポネクチンを中心とする経路がある。アディポネクチンは骨格筋において GLUT4 の細胞膜への提示を促進する役割を果たしている。しかし，肥満によりマクロファージから分泌された TNF-α は，脂肪細胞からのアディポネクチンの分泌を抑制し，インスリン抵抗性により骨格筋におけるグルコースの取り込みが減少する。

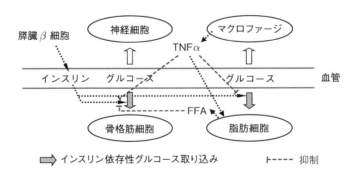

図 9.9　インスリン抵抗性の仕組み

演習問題：身近な現象を取り上げ，システムバイオロジーの観点から簡潔に説明しなさい。

コラム

システムバイオロジーと進化

　生物の進化の一因は遺伝子 DNA に生じたランダムな変異である。これが致死でない限り，原核細胞では子孫に伝えられていく。一方，真核細胞になると，変異に加えて，染色体の交叉や遺伝子重複により，ゲノム情報は多様化・重複化していく。さらに，多細胞系ではホメオボックス遺伝子により個体発生が調節され，生体の前後軸に沿って，各組織が形成されていく。したがって，進化をシステムバイオロジーの立場から眺めると，より複雑で巧妙なシステムへの変遷とみることができる。システムの複雑化に伴い，生体の機能を維持するためには，機能的にまとまったモジュールが組み合わさり，適切な制御機構が構築されなければならない。例えば，遺伝子発現のネットワークは，様々なモジュールにより調節されている。染色体にはクロマチン構造があり，ヒストンタンパク質の修飾と遺伝子プロモーター領域への転写調節因子の結合を必要としている。さらに，タンパク質のアミノ酸配列の情報をもたないノンコーディング RNA とよばれる転写産物は，転写におけるRNA スプライシングや mRNA 分解，翻訳における tRNA や rRNA 以外に，個体発生や細胞分化など様々な生命現象に関与していることが明らかにされた。ノンコーディング RNA のコーディング RNA に対する比率は生物の複雑さに比例して増大している。最近，脳の神経回路網の形成にも関与していることが明らかにされた。一方，オーストラリアの分子生物学者マチック（Mattick, J. S., 1950-）は加速ネットワークという概念を提唱し，ネットワーク拡大の速度に対して，制御系サイズは加速度的に増大すると述べている。これは環境変化に対するロバストネスと考えられ，生物の進化可能性を推し進める要因となっている。

10 がん化を防ぐ細胞周期の門番

10.1 はじめに

ヒトの体を構成する 37 兆個ほどの細胞は，そのほとんどが個体に比べて短い寿命しかもたない。そのため，体の成長だけではなく維持のためにも，細胞

〈細胞周期の主要制御因子の発見〉　ノーベル生理学・医学賞（2001）

リーランド・ハリソン・ハートウェル（Hartwell, L. H., 1939–）

リチャード・ティモシー・ハント（Hunt, R. T., 1943–）

ポール・マキシム・ナース（Nurse, P. M., 1949–）

受賞対象となった研究は，それぞれが独立して行われた。

アメリカの生物学者ハートウェルは 1970 年から 1971 年にかけて，出芽酵母の細胞分裂にかかわる 32 個の遺伝子（*cdc1〜32*）を同定し，細胞分裂の過程が遺伝子によって制御されていることを明らかにした。一方で，イギリスの遺伝学者ナースは，分裂酵母の細胞分裂にかかわる 14 個の遺伝子を同定し 1976 年に報告した。さらにナースは，分裂酵母の遺伝子 *cdc2* が，出芽酵母の遺伝子 *cdc28* と同じ機能をもつだけでなく，ヒトにも同じ役割を果たす遺伝子 *p34^cdc2* が存在することを 1987 年に報告した。出芽酵母 *cdc28*，分裂酵母 *cdc2*，ヒト *p34^cdc2* から翻訳されるタンパク質はアミノ酸配列が類似しており，いずれもタンパク質リン酸化酵素（プロテインキナーゼ）である。このキナーゼは，1992 年，ヒトでは Cdk1（cyclin dependent kinase 1）とよばれるようになった。

イギリスの生化学者ハントは，ウニ受精卵において受精卵の細胞分裂である卵割の周期に応じて存在量が大きく増減するタンパク質を発見し，1983 年にサイクリン（cyclin）と名づけ報告した。ハントは引き続いて，サイクリンが脊椎動物にも存在することも明らかにした。

その後，サイクリンは Cdk1 と結合しそのキナーゼ活性を制御すること，そして，Cdk1 とサイクリンに相当するタンパク質はすべての真核生物に存在し細胞分裂の制御にかかわっていることが報告された。3 人の研究が契機となって，細胞分裂を制御する仕組みが，最も単純な真核生物である単細胞の酵母からヒトに至るまで共通していることが明らかにされた。

Keyword

クロマチン，有糸分裂期（M 期），染色体，細胞周期，形質転換，チェックポイント，間期，相同染色体，遺伝子修復，セントロメア，中心体，動原体，紡錘体，紡錘体赤道面，アクチン，ミオシン，がん原遺伝子，がん抑制遺伝子

10.2 細胞周期にかかわる科学史　　　　　　　　　　　　　　　　　　　　　111

は分裂して増殖を続ける必要がある。しかし，細胞の無制限の増殖はがんであり，遺伝情報の変異がその原因となることがある。そのため，個体内での細胞の分裂は厳密に制御され，遺伝子の変異も常にチェックされている。

　本章では，細胞が分裂する過程で起こる様々な現象と，その異常を検出し細胞のがん化を防ぐ仕組みを紹介する。それらの知識をもとに，がんの予防と治療について適切に判断できるようになってもらいたい。

10.2　細胞周期にかかわる科学史

10.2.1　細胞分裂，染色質，染色体

　私たちの体が成長することは，誰にとっても実体験として明らかである。この成長が細胞の分裂に由来することが理解されるようになったのには，フレミング（Flemming, W., 1843-1905）が1882年に出版した著書「細胞質，核および細胞分裂」の影響が大きい（表10.1）。フレミングは，その頃に急速に性能が向上していた光学顕微鏡を用いて，サンショウウオ胚の軟骨細胞を観察した。彼は，フレミング溶液（Flemming's solution）とよばれるようになったオスミウム酸を含む固定液による染色法も開発し，細胞内の構造を詳細に記載した。この染色法では細胞核内の繊維状構造がよく染まり，その構造を染色質（クロマチン）と名づけた。固定染色した細胞の観察と生きた細胞の観察を組み合わせることで，細胞核の分裂過程を9期に分けた。さらに，細胞核の分裂後に細胞全体も2つに分裂することを明らかにし，有糸分裂と名づけた。有糸分裂期（M期）の過程を描いたフレミングのスケッチは，最新の知識からみても正確である（図10.1）。クロマチンは，有糸分裂中に集合してより太い繊維状構造を形成する。フレミング自身がMitosenとよんだこの構造は，1888年にヴァ

表10.1　細胞分裂とがんに関連する科学史

西暦	科学者	史実
1882	ヴァルター・フレミング	著書「細胞質，核および細胞分裂」で細胞核分裂過程を詳細に記述
1888	ヴィルヘルム・フォン・ヴァルデヤー	染色体の命名
1962	バーニス・エディ	SV40感染による形質転換による腫瘍形成を報告
1970-1971	リーランド・ハリソン・ハートウェル	出芽酵母の細胞分裂にかかわる *cdc* 遺伝子群の報告
1971	増井禎夫，クレメント・ローレンス・マーカート	卵成熟促進因子 MPF を報告
1976	ポール・マキシム・ナース	分裂酵母の *cdc* 遺伝子群を報告
1979	ロイド・ジョン・オールド	腫瘍細胞と SV40 形質転換での p53 の発見と命名
1983	ティモシー・ハント	ウニ受精卵でサイクリンを発見
1987	ポール・マキシム・ナース	ヒト $p34^{cdc2}$ 遺伝子の発見

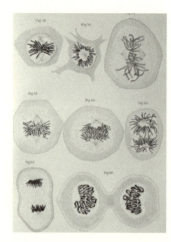

図10.1 フレミングによる細胞分裂のスケッチ

ルデヤー (von Waldeyer, W., 1836-1921) によって染色体 (クロモソーム) と命名された。

10.2.2 M期促進因子の発見

ハートウェルが出芽酵母の変異株について研究を進めていた頃，増井禎夫 (Masui, Y., 1931-) とマーカート (Markert, C. L., 1917-1999) は，アフリカツメガエルの成熟卵には卵成熟を促進する物質が存在することを発見し，1971年に卵成熟促進因子 (maturation promoting factor: MPF) として報告した。1979年には，ヒト培養細胞にもMPFが存在することが報告された。その後，MPFは，卵の成熟だけでなく体細胞分裂のM期も促進することが明らかになり，M期促進因子 (M-phase promoting factor) ともよばれるようになった。1988年には複数のグループによってMPFが単離され，Cdk1ともう1つのタンパク質のヘテロ2量体であることが示された。翌1989年には，Cdk1と複合体をつくっているもう1つのタンパク質はサイクリンであることが明らかにされた。細胞周期においてCdk1は「エンジン」，サイクリンは「アクセル」といわれている。現在までに，20種類以上のサイクリンが見つかっており，ハントが発見したものはサイクリンBとよばれている。一方，1993年には「ブレーキ」役のCdk阻害因子p21が報告されている。

10.2.3 p53の発見

SV40 (シミアンウイルス40) は，ポリオ (脊髄性小児麻痺) ワクチンの製造のために使われていたアカゲザル腎臓細胞に感染していることが1960年に発覚し，米国立衛生研究所 (NIH) のエディ (Eddy, B., 1903-1989) により，ハムスターに注射すると腫瘍を形成 (形質転換) することが1962年に報告された。その後，細胞の形質転換誘導モデルとして研究された。

SV40による細胞の形質転換には，SV40遺伝子から翻訳されるラージT抗原タンパク質が必須である。1979年に，異なる4つの研究グループによって，ラージT抗原タンパク質には分子量約5万3千の細胞内在性タンパク質が結合していることが報告された。同じ年に，腫瘍に特異的な抗原について研究していたオールド (Old, L. J., 1933-2011) らは，異なる化学物質で誘導されたがん細胞やSV40ウイルスで形質転換された細胞に共通して存在する分子量約5万3千の抗原を発見し，p53と名づけて報告した。報告された分子量約5万3千のタンパク質はすべて同じタンパク質p53で，細胞のがん化に関係する細胞内在性のタンパク質であることが明らかになった。

発見当初には，p53はがん化を引き起こすと考えられた。しかし，腫瘍と正常組織で細胞がもつ遺伝子の比較が行われたところ，がん細胞ではp53の遺伝子 (*TP53*) に高い頻度で変異が起こっていた。現在では，正常なp53はがん抑制遺伝子 (10.5.2項参照) であり，その機能を失うような変異が起こると，細

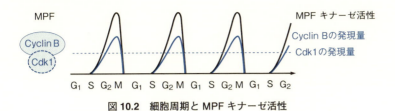

図 10.2 細胞周期と MPF キナーゼ活性

胞周期の**チェックポイント**が機能せず（10.2.4 項参照），がん化すると考えられている。

10.2.4 チェックポイント

出芽酵母の *cdc* 遺伝子群を同定したリーランドは，自身の研究と他の生物種の細胞分裂に関する研究の成果から，1989 年に細胞周期にはそこに至るまでの過程が正常に完了していないと先に進むことができない箇所が複数存在すると提唱し，それらの箇所をチェックポイントと命名した。細胞周期の主要なチェックポイントは，"G_2 期から分裂期への進行"，"M 期の進行"，"G_1 期から S 期への進行"，"S 期の進行" の 4 か所ある。Cdk1 とサイクリンの複合体である MPF は，体細胞の細胞周期では "G_2 期から M 期への進行" にかかわっており（図 10.2），ATR（10.4.1 参照）とよばれるプロテインキナーゼが門番としてチェックしている。

10.3 有糸分裂と細胞周期

10.3.1 間期と分裂期

1 個の細胞は，2 個の細胞に分裂することで増殖する。もとの細胞を母細胞，新たにできた細胞を娘細胞とよぶ。それぞれの娘細胞は，母細胞から細胞質と遺伝情報を保持した DNA を受け継いでいる。また，娘細胞が母細胞と同様に成長して機能するためには，受け継いだ DNA は母細胞と同一でなければならない。したがって，母細胞は DNA を複製して分裂する。

原核細胞では DNA は核様体として細胞質にそのまま存在するが，真核細胞では核内に DNA が存在する。そのため，真核細胞は核にあるすべての遺伝子を複製した後に，細胞全体が分裂する。真核細胞の分裂は，その過程で DNA が集合し光学顕微鏡で観察可能な糸状構造である染色体が形成されることから，有糸分裂とよばれる。有糸分裂の過程は，さらに染色体の複製過程である核分裂と細胞全体の分裂である細胞質分裂に分けられる。

細胞は成長と分裂を繰り返して増殖するため，1 個の母細胞となった時点から 2 個の娘細胞に分裂する直前までの期間は，繰り返しの単位として細胞周期とよばれている。真核細胞の細胞周期は，分裂した細胞が成長する時期である**間期**と，細胞が有糸分裂している M 期の大きく 2 つの時期に分けられる。間期は，通常の細胞周期では最も長く，さらに G_1 期，S 期，G_2 期の 3 つに分け

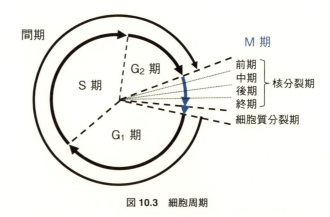

図 10.3　細胞周期

られる．M 期は，複製された染色体が分配される核分裂期と細胞全体が分裂する細胞質分裂期の 2 つに分けられる．図 10.3 に細胞周期の概念図を示す．

10.3.2　間期での細胞成長

間期の細胞は，容積を増しながら細胞質に存在するタンパク質や脂質などの生体分子の数をほぼ 2 倍にして，DNA を複製する．G_1 期は，DNA 以外の細胞を構成する分子が生合成されて増える時期で第 1 間期ともよばれる．G_1 期の次の S 期は，DNA の複製が行われる時期で合成期ともよばれる．S 期での DNA 複製が完了すると第 2 間期ともよばれる G_2 期が始まり，有糸分裂を進めるために必要なタンパク質が生合成されるとともに，有糸分裂を始める準備が行われる．間期という名称は，明確な細胞の形態的変化が顕微鏡で観察されないために名づけられた．しかし，実際には，細胞は間期で必要とされる遺伝子を発現して生体分子を活発に生合成し，一方，M 期ではそれらの反応を停止している．

10.3.3　間期での染色体の複製と修復

真核細胞は染色体を単位として DNA 鎖を保持している．例えば，ヒトの体細胞では 46 本の DNA 鎖が核内に存在する．これらの DNA 鎖は，間期の細胞では核内に広がっているため明瞭な構造としては見えないが，分裂期になるとそれぞれが紐状に凝集し 46 本の染色体として観察できるようになる．ヒトの染色体は 46 本だが，ほとんど同じ大きさの染色体が 2 本ずつの対として存在している．対となる染色体は，凝集時の長さと形が相同なため，**相同染色体**とよばれる．相同染色体は大きさが同じだけでなく，同じ遺伝子群を保持している．ヒトのように有性生殖を行う生物では，相同染色体のうちの 1 本は父親に，もう 1 本は母親に由来する．生物によっては性の決定にかかわる染色体が存在し，その染色体は相同染色体の対をつくらないことがある．ヒトの性は，2 種類の性染色体 X と Y の組合せで決定される．X と Y を 1 つずつもつと男性の体に，X を 2 つもつと女性の体になる．したがって，男性では，性染色体

10.3 有糸分裂と細胞周期

は相同染色体の対になっていない。

DNA の複製機構によって，間期の S 期ですべての遺伝子が複製され，G_2 期までにはすべての染色体が対になる（4 章参照）。S 期から G_2 期にかけて，複製された対になった相同染色体は，コヒーシンとよばれるタンパク質の働きによって互いに繋ぎ留められている。この状態を姉妹染色体，そしてこれを構成する染色体それぞれを姉妹染色分体とよんでいる。環境からの紫外線や電離放射線の照射や化学物質の作用によって，染色体の DNA 鎖では塩基などに変異を起こすことがあるが，姉妹染色分体の片側だけであれば複製機構がもつ修復機構によって遺伝子修復される。しかし，遺伝子に 2 本鎖切断が起こってしまった場合は，NHEJ 経路（8 章，8.6.4 項参照）あるいは相同組換え修復によって連結されるが，NHEJ 経路では塩基対の欠失や挿入などの変異が高頻度で発生する。

10.3.4 核分裂期での染色体の凝集と分配

分裂期は，姉妹染色分体を 2 つの新しい核のそれぞれに分配する核分裂期と，それに続いて細胞全体が 2 つに分裂する細胞質分裂期に分けられる。

核分裂期は，前期，前中期，中期，後期，終期の 5 つの期に細分される。間期（図 10.4 (a)）から前期（図 10.4 (b)）に入った細胞では，複製されて対となった DNA 鎖のコヒーシンが染色体へと凝集させるタンパク質であるコンデンシンと入れ替わり，染色体が光学顕微鏡で観察可能な構造をつくる。このとき，2 つの姉妹染色分体がセントロメアとよばれる部分で繋ぎ留められているため，姉妹染色体の全体は X 字型の構造として観察される。

動物細胞ではこの時期に，中心体とよばれる細胞小器官が複製されて 2 つになる。中心体は微小管（2 章，2.3.3 項参照）が伸長する起点で，2 つの中心体は微小管を伸長させながら核を挟むような配置をとる。前中期（図 10.4 (c)）になると，姉妹染色分体はそれぞれが明確に区別できるほどに凝集し，染色体を囲んでいた核膜が多数の小胞へと崩壊する。核膜がなくなると，染色体を挟んで向かい合った 2 つの中心体から伸長した微小管が，染色体のセントロメアに形成された動原体にその末端を接着する。言い換えると，動原体は姉妹染色分体ごとに存在し，それぞれ異なる中心体から伸長した微小管が接着しており，次に，中心体を両極としその間に微小管と染色体がある紡錘状の構造（紡錘体）が形成される。中期（図 10.4 (d)）には，動原体に接着した微小管の働きで，紡錘体赤道面に姉妹染色分体が整列する。後期（図 10.4 (e)）になると，2 つの中心体が離れ始めるとともに，動原体に接着した微小管の短縮が始まる。その結果，姉妹染色体は開裂し，それぞれの姉妹染色分体は独立した染色体として紡錘体の異なる極方

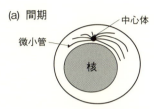
(a) 間期

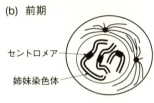
(b) 前期

(c) 前中期

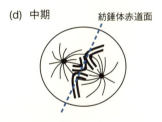
(d) 中期

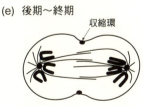
(e) 後期～終期

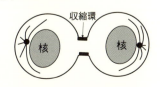
(f) 細胞質分裂

図 10.4 核分裂と細胞質分裂

向に移動する。終期（図 10.4 (e)）には，姉妹染色分体が紡錘体極付近に到達し，紡錘体の微小管は消失していく。同時に，核膜が崩壊してできた小胞が染色体周辺で融合を始め，新たな核が形成される。新たな核内では，染色体は凝集が解消されてクロマチンに分散する。この時期に，細胞質分裂が開始される（図 10.4 (f)）。

植物細胞では，中心体に相当する細胞小器官は存在しないが，「種」となる微小管が存在し，紡錘体の極付近にある程度の広がりをもって分布している。この「種」を起点として微小管が伸張し，動物細胞と同様な仕組みで姉妹染色分体が新しい核に分配されていく。

10.3.5　細胞質分裂

動物細胞では核分裂が後期に進むと，アクチン繊維とミオシン繊維が，紡錘体赤道面付近を取り囲む細胞膜の細胞質側で，円周方向に配向して集積し始め，収縮環とよばれる環状の構造を形成する（図 10.4 (f)）。ミオシンは ATP を分解してアクチン繊維をスライドさせるモータータンパク質で，ミオシン繊維では両末端から繊維中央方向へアクチン繊維を引き込むように配列している。筋細胞でも，ミオシン繊維がその両端から中央方向にアクチン繊維を引き込むことで力が発生している。

核分裂が終期となり新たな 2 つの核が形成された頃に，収縮環ではミオシンが活性化されて環の直径が縮小を始め，細胞表面には分裂溝とよばれる窪みが収縮環に沿って円周状に形成される。収縮環の縮小に伴って余ったアクチン繊維とミオシン繊維は，収縮環から細胞質へ解離していく。収縮環がミッドボディとよばれる小さな構造にまで縮小すると，細胞間の連絡がなくなって 2 つの細胞に分離する。このように，動物細胞の細胞質分裂では，分裂溝が外側から内側に向かってできていき，細胞膜を引っ張り込んで分裂が完了する。

植物細胞で核分裂が後期に進むと，染色体とは接着していなかった紡錘体微小管の働きで，細胞壁の成分を含んだ小胞が紡錘体赤道面に集積される。核分裂が終期になると，細胞の中央に分布する小胞から融合し始め，細胞板とよばれる扁平な袋が成形される。細胞板は，小胞が次々と融合することで細胞膜方向へと成長する。細胞板が細胞膜と接触すると膜が融合し，細胞板の膜が新たな細胞膜となり，内部の成分が新たな細胞壁を形成することで，細胞が 2 つに分割される。このように，植物細胞の細胞質分裂では，円盤状の細胞板が内側から外側に形成されていき，くびれることなく分裂が完了する。

10.4　細胞周期のチェックポイント

10.4.1　MPF とチェックポイント

Cdk1 はプロテインキナーゼであるが，それ自身もリン酸化を受け，特定のアミノ酸残基がリン酸化されると酵素活性を示す。しかし，Cdk1 にはリン酸化を受けるアミノ酸残基が複数あり，複数箇所のアミノ酸残基が同時にリン酸

10.4 細胞周期のチェックポイント   117

化されてしまうと酵素活性を示さない。S期にはサイクリンBの発現が上昇する
ため，G_2期になるまでにはCdk1とサイクリンBの複合体であるMPFが細
胞質に多数存在する。しかし，このMPFのCdk1は複数箇所がリン酸化され
ているため酵素活性がなく，そのままではMPFにも活性がない。しかし，G_2
期が正常に進行すると，タンパク質脱リン酸化酵素（プロテインホスファター
ゼ）であるCdc25が発現し，MPFのCdk1を活性化に必要なリン酸基だけを
残して脱リン酸化する。その結果，正常な細胞ではG_2期の終わりにMPFは
活性をもつようになり，様々なタンパク質がリン酸化されることで，細胞周期
がG_2期からM期へと進行する。

　M期では，複製された染色体が新たな核へ分配される。しかし，2本鎖
DNAは，化学物質や電離放射線によって損傷を受け，部分的に1本鎖になっ
てしまったり，2本とも切断されたりすることがある（4章参照）。そのような
場合に，2本鎖DNAの損傷が修復されるまでG_2期で停止する仕組みが存在す
る。それが，"G_2期からM期への進行"のチェックポイントである。細胞内
には，損傷を受けたDNAに結合するタンパク質が常在している。それらのタ
ンパク質は，2本鎖DNAの切断末端などの損傷部位に結合すると，DNA修復
経路の最上流にあるタンパク質リン酸化酵素，ATM（ataxia-telangiectasia
mutated）やATR（ATM-related）を活性化する。活性化したATMとATRは，
G_2期ではおもにプロテインホスファターゼCdc25の活性を抑制するため，結
果としてCdk1は脱リン酸化されず活性化されない。DNAに損傷がある限り
ATMとATRは活性化され続けるため，損傷が修復されるまで細胞周期はG_2
期からM期へは進行しない。

10.4.2　その他のチェックポイント

　G_1期やS期の細胞でDNAに損傷が起こると，G_2期と同様にATMとATR
が活性化される。これらの時期では，活性化したATMとATRは，細胞内の
p53をリン酸化する。p53は転写調節因子で，リン酸化されると様々な遺伝子
の発現を誘導する。その中で，p21の発現誘導が，細胞周期の制御に関与して
いる（10.2.2項参照）。"G_1期からS期への進行"にはCdk2とサイクリンEの
複合体がかかわっているが，p21はこのCdk2/サイクリンE複合体のキナー
ゼ活性を抑制する。そのため，p53によってp21の発現が誘導されると細胞周
期はその時期で停止する。このようにG_1/S期でDNA損傷が起こると，修復
されるまでは細胞周期が進行しない。また，DNA損傷などによるp53の活性
化が過剰になると，アポトーシスとよばれる細胞死が起こり，障害を起こした
細胞は取り除かれる。様々なチェックポイントとそれにかかわる分子を図10.5
にまとめた。

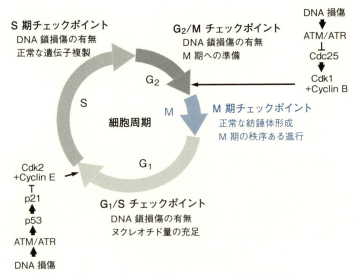

図 10.5　チェックポイントにかかわるおもな分子

10.5　がん原遺伝子とがん抑制遺伝子

10.5.1　成長因子と細胞周期

　ヒトのような多細胞生物の個体を構成する細胞は，細胞周期を回り続けているわけではなく，多くの場合で細胞周期を G_1 期で停止している。成長因子などが細胞表面の受容体に結合すると，その信号が細胞内に伝わり，Myc などの転写調節因子の発現が誘導される。Myc はさらに様々な遺伝子の発現を上昇させるが，その中には Cdk2 の活性化タンパク質サイクリン E がある（図10.5）。G_1 期の Cdk2/サイクリン E はがん抑制遺伝子産物の Rb をリン酸化してその活性を阻害する。Rb は G_1 期の細胞で転写全般を抑制しているため，その活性が阻害されると，細胞では様々な遺伝子の発現が誘導されるようになる。その結果，細胞は成長し，引き続く S 期への準備が整う。

10.5.2　がん原遺伝子とがん抑制遺伝子

　成長因子受容体の遺伝子やその発現制御にかかわる遺伝子に変異が起こると，成長因子がなくとも信号が細胞内に伝わり続けることがある。そのような状態の細胞とその娘細胞は，細胞周期を止めることなく分裂と増殖を続け，体内に腫瘍を形成する。変異によって細胞に腫瘍形成能を与える遺伝子はがん遺伝子とよばれている。その中で，本来の機能として細胞の分裂を促進する活性をもつタンパク質の遺伝子は，がん原遺伝子という。例としては，成長因子受容体の遺伝子があげられる。一方，本来の機能として細胞の分裂を抑制する活性をもつタンパク質の遺伝子は，がん抑制遺伝子という。チェックポイントで細胞周期の進行を抑制しているタンパク質は，がん抑制遺伝子である。例えば，p53 や Rb の遺伝子があげられる。すなわち，がん原遺伝子では活性が抑

10.5 がん原遺伝子とがん抑制遺伝子

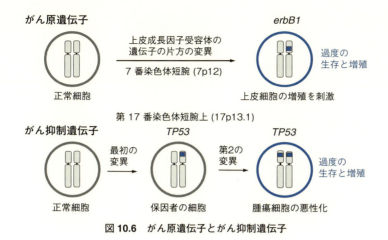

図 10.6 がん原遺伝子とがん抑制遺伝子

制されないような変異が起こったときに，がん抑制遺伝子では活性を失うような変異が起こったときに，細胞は腫瘍形成能をもつようになる．したがって，子孫への影響としては，がん原遺伝子は顕性（優性）な形質として，がん抑制遺伝子は潜性（劣性）な形質として遺伝する．潜性（劣性）遺伝により，*TP53* や *Rb* などのがん抑制因子の遺伝子においてアレル（対立遺伝子）の片方に異常がある保因者の場合，体細胞でもう片方にも変異が入り，チェックポイントでの機能を失うと，がん化するリスクが大きくなる（図 10.6）．

10.5.3 がんとチェックポイント異常

正常な細胞では DNA の損傷は常に監視され修復されている．また，チェックポイントでも監視され，修復されるまでは細胞周期が停止する．これらの仕組みで，DNA 損傷により遺伝子に変異が起きた細胞の増殖は防がれている．しかし，チェックポイントにかかわるタンパク質の遺伝子に変異が起こると，損傷が生じても細胞周期が進行するようになってしまう．そのため，DNA 損傷が 1 つの遺伝子の変異として固定され，長い期間を経て他の複数の遺伝子にも同じことが起こると，複数のがん原遺伝子やがん抑制遺伝子に変異をもつ細胞が出現して腫瘍細胞となる．その中で，もとの腫瘍から離れ，体の他の部位に移動できる細胞が現れることがある．このような細胞は，移動した組織で新しい腫瘍を形成し，一部がさらに別の部位へ移動する．このような腫瘍が悪性腫瘍で，一般的にはがんとよばれる．また，悪性腫瘍からの細胞の移動を転移という．

p53 は，複数のチェックポイントだけでなく，DNA 損傷を起こした細胞のアポトーシスによる排除にもかかわっているため，その変異はがんの発生と深く関連している．実際に，様々ながんの半数以上で p53 の遺伝子である *TP53* あるいは p53 の機能にかかわるタンパク質の遺伝子に変異が見つかっている．

演習問題：p53 は「ゲノムの番人（guardian of the genome）」といわれているが，その理由を簡潔に述べてください。

コラム

BRCA1 遺伝子とアンジェリーナ・ジョリー

　BRCA1 遺伝子は，1994 年に三木義男（Miki, Y.）らによって，遺伝性の乳がんと卵巣がんの発症に強く関係する遺伝子として報告された［*Science*, 266:66-71 (1994)］。その後，BRCA1 タンパク質は，細胞内でいろいろなタンパク質と結合して多様な機能を果たしていることが明らかにされた。よく知られている機能としては，電離放射線などで切断された 2 本鎖 DNA の相同組換え修復がある。*BRCA1* 遺伝子にこの DNA 修復活性を下げるような変異が起こると，様々な遺伝子に変異が起こりやすくなり，がんが発症すると考えられている。したがって，*BRCA1* 遺伝子はがん抑制遺伝子といえる。

　乳がんと卵巣がんの全体でみると，*BRCA1* 遺伝子に変異がある割合はそれぞれ 5% 程度と 10% 程度で，*BRCA1* 遺伝子の変異が乳がんや卵巣がんの主要な原因ではない。しかし，遺伝的に *BRCA1* 遺伝子に変異がある女性が 70 歳までに乳がんあるいは卵巣がんを発症するリスクは，ともに 60% 程度と極めて高い。また，*BRCA1* 遺伝子が変異している乳がんは，転移しやすいことが知られている。このようなことから，祖母や母親が乳がん・卵巣がんを発症した女性が，自分自身に同じがんが発症する可能性を知るために，自身の *BRCA1* 遺伝子について変異の有無を調べるようになってきた。アメリカの俳優であるアンジェリーナ・ジョリーの例が有名である。

　アンジェリーナ・ジョリーは，祖母，母親そして叔母を乳がんあるいは卵巣がんで亡くしている。これらのがんが遺伝性の可能性があるため，彼女自身の *BRCA1* 遺伝子の塩基配列を調べたところ，がんの発症と強い関連をもつ変異が存在していた。医師から「乳がんになる確率が 87%，卵巣がんになる確率が 50%」との説明を受け，がんへの予防的措置として，まず両胸の乳房を切除し，その後に卵巣と卵管を全摘出した。

　外科的な予防的措置は健康な組織や器官を摘出するため，病気の治療としては議論がある。しかし，*BRCA1* 遺伝子の変異のような特定のがんと医学的に明らかな関連をもつ遺伝子変異が次々と報告されていることから，今後，外科的な予防的措置は広がっていくと予想される。

11 ホルモンによる生体機能の巧みな調節システム

11.1 はじめに

　生物が生きていくためには外界から酸素や栄養などの必要なものを体内に取り入れて，それをエネルギー源や体の構成物として使用し，その際に生じる二酸化炭素や代謝産物・老廃物を体外に排出せねばならない。繊毛や鞭毛など運動器官をもたない球形の好気性単細胞生物が，物質の拡散のみで生きていくとすると，理論上その単細胞生物は直径 2mm 以上の大きさにはなれない。同様

〈ホルモン作用機序についての発見〉　ノーベル生理学・医学賞 (1971)

エール・サザランド (Sutherland, Jr., E. W., 1915-1974)

　ホルモンの作用の仕組みの解明は，まずサイクリック AMP (cAMP) の発見から始まった。肝臓でアドレナリンやグルカゴンがどのようにして作用してグリコーゲンからグルコースの生成を促進するかについての研究の過程でcAMP の役割が明らかにされた。これらのホルモンの受容体は細胞膜の表面にあり，近傍の標的酵素（アデニル酸シクラーゼ）を活性化する。これによって ATP から cAMP が合成され，cAMP はタンパク質リン酸化酵素 A (PKA) を活性化する。次に，PKA はグリコーゲン分解を行うグリコーゲンフォスフォリラーゼのリン酸化による活性化をもたらし，その結果，グルコースの生成が促進される。その後，このメカニズムは他の多くのペプチドホルモン（副腎皮質刺激ホルモン・甲状腺刺激ホルモン・副甲状腺ホルモン・バゾプレッシン）においても同様に cAMP の増加を引き起こすことで，そのホルモンの作用が現れることがわかった。そこで，サザランドはホルモンをファーストメッセンジャー，cAMP をセカンドメッセンジャーとよんだ。この発見によって，ホルモンが生理活性物質としてではなく，情報伝達物質として見直され始めるきっかけとなった。

Keyword

膵臓，ランゲルハンス島，インスリン，副腎皮質，コルチゾール（糖質コルチコイド），視床下部，内分泌腺，標的細胞，受容体，脳下垂体，前葉，後葉，刺激ホルモン，成長ホルモン，バゾプレシン（抗利尿ホルモン），オキシトシン，甲状腺，甲状腺ホルモン（トリヨードサイロニン：T_3 とチロキシン：T_4），α 細胞，β 細胞，グルカゴン，副腎，アルドステロン（鉱質コルチコイド），抗ストレス作用，エストロゲン（女性ホルモン），卵巣，アンドロゲン（男性ホルモン），精巣，リガンド，アゴニスト，アンタゴニスト，神経内分泌細胞，下垂体門脈，恒常性（ホメオスタシス），フィードバック調節，ペプチドホルモン，水溶性ホルモン，ステロイドホルモン，脂溶性ホルモン，転写調節因子，生理活性アミン，松果体，心的外傷後ストレス障害（PTSD），レプチン

に，多細胞生物で岩などにへばりついて生活する扁形動物のヒラムシは，片面からしか物質の取り入れができないため理論上0.6mm以上の厚さになることはできず，実際にそれ以上の厚さをもつ扁形動物は存在しないが，直径6cmに達するものがいる。さらに，環形動物であるミミズは理論上直径0.8mm以上のものは存在できないが，実際には直径3cmに達するものが存在する。これは，消化器や循環器などの専門化した器官を発達させてきたからである。これら専門化した器官は，外的および内的環境の変化に対して，バラバラに動くのではなく，統合され協調して働かねばならない。この専門器官の協調を担うのが，ホルモン系と神経系による調節である。本章では，まず液性の因子であるホルモンの種類と働きを理解する。

11.2 ホルモンの発見にかかわる科学史

11.2.1 膵臓のランゲルハンス島の発見

表11.1に示すように，ドイツの病理学者ランゲルハンス（Langerhans, P., 1847-1888）は，光学顕微鏡を用いて，膵臓の至る所に消化液の分泌とは関係がなく，周辺の細胞とは異なる染まり方をする「小さな枠の集合体」を発見し「島」と命名した。彼はこの領域に神経が豊富に分布していることにも気づいたが，その機能については明らかにできなかった。しかし，発見から20年後の1889年にミンコフスキー（Minkowski, O., 1858-1931）らが膵臓を摘出した犬が糖尿病を発症したことから膵臓と糖尿病との関連を報告した。さらに1893年にフランスの解剖学者ラゲス（Laguesse, G.-E., 1811-1866）がこの「島」からホルモンが分泌されていると考え，ランゲルハンス島と命名した。

11.2.2 膵臓ランゲルハンス島よりインスリンを抽出

カナダの医師バンティング（Banting, F. G., 1891-1941）と生理学者ベスト（Best, C. H., 1899-1976）は，イヌの膵臓から血糖値を下げる物質の抽出に成功したが，抽出方法に問題があり，血糖値を下げる作用が弱かった。そこで1921年から22年にかけて，スコットランドの医師マクラウド（Macleod, J. J. R., 1876-1935）とトロントの生化学者コリップ（Collip, J. B., 1892-1965）が，そ

表11.1 ホルモンとその分泌器官の発見に関連する科学史

西暦	科学者	史実
1869	パウル・ランゲルハンス	膵臓のランゲルハンス島の発見
1921	フレデリック・バンディング	膵臓ランゲルハンス島よりインスリンを抽出
1934	エドワード・ケンダル	副腎皮質よりコルチゾンを発見
1955	フレデリック・サンガー	インスリンのアミノ酸配列を決定
1969	ロジェ・ギルマン アンドリュー・シャリー	甲状腺刺激ホルモン放出ホルモンの単離精製

11.2 ホルモンの発見にかかわる科学史

の抽出物から有効成分を精製し，強い生理作用をもつ物質を得ることに成功した。この有効物はランゲルハンス島から分泌されることから，ラテン語の「島」を表すインスーラ（insula）からインスリン（insulin）と命名された。後にバンティングとマクラウドの2人がノーベル生理学・医学賞を受賞した。

11.2.3　副腎皮質よりコルチゾンを発見

副腎皮質では多くの物質が生成されていることが知られていた。1929年頃，副腎皮質から抽出されたコルチンが，アディソン病の症状に対して抑制作用をもつことが示され，皮質に含まれている物質に注目が集まっていた。アメリカの化学者ケンダル（Kendall, E. C., 1886-1972）は，1934年に副腎皮質から抽出されたコルチンが，純粋な物質ではなく，数種類の化合物からなることを明らかにするとともに，この中からステロイドの1つであるコルチゾンを分離した。さらに，ポーランドの化学者ライヒスタイン（Reichstein, T., 1897-1996）がその構造を決定した。ケンダルは，アメリカの医師ヘンチ（Hench, P. S., 1986-1965）とともに，このコルチゾンを関節リウマチの患者に投与したところ，劇的な回復がみられたことから「奇跡の弾丸」とよばれた。1950年にケンダルは，ライヒスタインならびにヘンチなどとともにコルチゾンに関する一連の研究により，ノーベル生理学・医学賞を受賞した。後に，コルチゾンは副腎皮質ホルモンであるコルチゾール（糖質コルチコイド）の前駆体で，生理活性はもたないことが明らかにされた。

11.2.4　インスリンのアミノ酸配列を決定

インスリンの抽出から30年以上経った1956年，アメリカの生化学者サンガー（Sanger, F., 1918-2013）によってその構造が決定された。彼はインスリンのペプチド鎖の先頭のアミノ基にジニトロフェニル基を反応させると黄色く発色する性質を利用し，まず先頭のアミノ酸を決定した。2番目以降のアミノ酸解析には，先頭のアミノ酸だけを切り離す反応や，特定の位置でペプチド鎖を切断する酵素を用い，得られた断片少しずつ解析した。こうして得られた部分的な構造をうまく繋ぎ合わせ，10年以上の歳月をかけインスリンの全体の構造を確定した。この方法はサンガー法とよばれ，単にインスリンのアミノ酸配列を決定した業績にとどまらず，タンパク質が一定の構造をもつ化学物質であることを証明した優れた研究となった。これによって，サンガーは1958年のノーベル化学賞を獲得した。

11.2.5　甲状腺刺激ホルモン放出ホルモンの単離精製

フランスの生理学者ギルマン（Guillemin, R. C. L., 1924-）とポーランドの内分泌学者シャリー（Schally, A. W., 1926-）は共同研究者だったが，研究方針の違いから袂を分かち，それぞれに視床下部のホルモンの1つである甲状腺刺激ホルモン放出ホルモンの研究を開始した。2人の研究競争は熾烈を極め，何十万頭という数のヒツジやブタの脳から視床下部をかき集めて精製を行い，双方

ともに1969年にその3つのアミノ酸からなる構造の決定に成功した（1章，図1.11参照）。その後も，2人のライバル関係は黄体形成ホルモン放出因子やソマトスタチンの単離精製にしのぎを削った。1977年，これらの業績に加え，共同研究時代の業績「脳のペプチドホルモン産生に関する発見」により2人はノーベル生理学・医学賞を受賞した。シャリーの黄体形成ホルモン放出因子の単離精製には，当時シャリーの研究室で研究していた松尾壽之（Matsuo, H., 1928-）の手腕によるものが大きいとされている。

11.3　ホルモンとは

　ホルモンは，全身あるいは特定の器官（標的器官）に働きかけて，外的・内的環境変化に応じて体内の環境を一定に保ったり，加齢に伴って成長や代謝の変化を促したりする生理活性物質である。ホルモンには次の特徴がある。1) 内分泌腺または細胞でつくられて，直接体液中（血液など）に分泌され全身をめぐる。2) 標的器官の特定の細胞（標的細胞）に作用し，その働きを調節する。3) 体液によって伝達されるため，神経に比べるとゆっくり作用するが，その効果は持続する。4) 標的細胞や器官にはホルモンと結合する受容体があり，親和性が高く微量のホルモンでも強い働きをする。1つのホルモンが多くの種類の標的細胞や器官に作用する場合がある。

11.4　様々な内分泌腺とホルモン

　ホルモンを分泌する内分泌腺には，脳下垂体，甲状腺，膵臓のランゲルハンス島，副腎，卵巣，精巣などがあり，それぞれの内分泌腺でホルモンがつくられ，特有の標的細胞や器官に作用する（図11.1，表11.2）。おもな内分泌腺とホルモンに関しては以下に簡単に述べる。

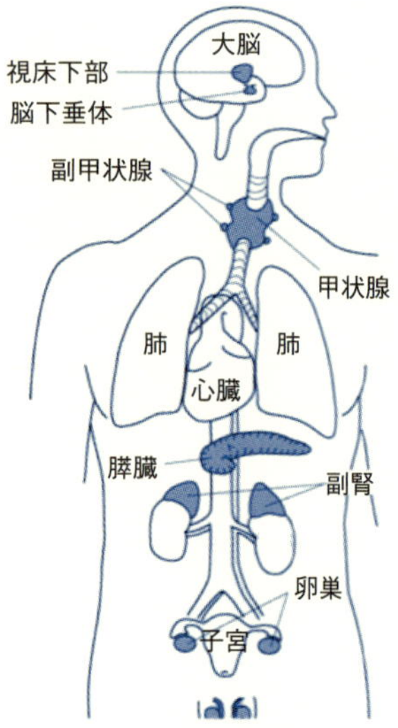

11.4.1　脳下垂体と8種類のホルモン

　脳下垂体は間脳の視床下部の下部にぶら下がるように位置する小さな内分泌器官である。ヒトの場合，脳下垂体は発生学上，起源の異なる2つの部位からなり，前葉と後葉に分けられる。前葉に存在する内分泌細胞からは表11.2に示した6種類のホルモンが分泌されていて，それぞれが視床下部ホルモンによる調節を受けている。これら前葉ホルモンのうち，成長ホルモン（growth hormone: GH）以外は，すべて標的器官である末梢の内分泌器官（甲状腺，副腎皮質，性線）のホルモン分泌を促進する刺激ホルモンである。成長ホルモンは全身の各組織（骨や筋）に働いて，その成長を促す。これに対し，後葉はバソプレシン（抗利尿ホルモン，antidiuretic hormone: ADH）とオキシトシンの2種類のホルモンを分泌するが，構造的には視床下部の神経分泌細胞の軸索の延長部である（11.5節参照）。

図11.1　主要な内分泌器官

11.4 様々な内分泌腺とホルモン

表 11.2　おもな分泌腺，ホルモン，標的器官および生理作用

内分泌腺		ホルモン	標的細胞・器官	おもな働き
脳下垂体	前葉	成長ホルモン（GH）	骨・筋	タンパク質合成，成長促進（骨），血糖上昇
		甲状腺刺激ホルモン（TSH）	甲状腺濾胞細胞	甲状腺ホルモンの分泌促進
		副腎皮質刺激ホルモン（ACTH）	副腎皮質	副腎皮質ホルモン，特に糖質コルチコイド（コルチゾール）の分泌促進
		濾胞刺激ホルモン（FSH）（生殖腺刺激ホルモン）	卵巣	濾胞の発育，濾胞ホルモンの分泌促進
			精巣	精細管・精子形成の促進
		黄体形成ホルモン（LH）（生殖腺刺激ホルモン）	卵巣	排卵・黄体形成・黄体ホルモンの分泌
			精巣	雄性ホルモンの分泌促進
		プロラクチン（PRL）（黄体刺激ホルモン）	乳腺	乳腺の発育，乳分泌の促進
	後葉	バソプレシン（抗利尿ホルモン ADH）	腎集合管	集合管での水の再吸収を促進（尿量減少）血圧上昇
		オキシトシン（子宮収縮ホルモン）	子宮筋	子宮平滑筋の収縮
			乳腺	射乳
甲状腺		チロキシン（甲状腺ホルモン）	筋・内臓	代謝（特に異化作用）促進，熱産生，甲状腺刺激ホルモンの抑制
副甲状腺		パラトルモン	骨・腎尿細管	骨吸収の促進，Ca^{2+}の再吸収
膵臓ランゲルハンス島	α細胞	グルカゴン	肝臓	グリコーゲンを分解して糖新生（血糖上昇）
	β細胞	インスリン	肝・筋・脂肪組織	グリコーゲンの合成促進（血糖低下）筋肉細胞でのグルコース取込みと貯蔵促進
副腎	髄質	アドレナリン	心臓・肝臓・筋肉	心拍出量の増加，グルコース放出
		ノルアドレナリン	血管	血管収縮，血圧上昇
	皮質	糖質コルチコイド（コルチゾール）	全身	タンパク質からの糖新生組織の炎症抑制
		電解質（鉱質）コルチコイド	腎集合管	尿細管でのNa^+の再吸収とK^+排泄促進
		アンドロゲン	生殖器・筋	男性ホルモン，男性化作用
卵巣	濾胞	濾胞ホルモン（エストロゲン）	生殖器	女性生殖器・乳腺の発達（第二次性徴の発現と維持），子宮内膜の増殖
	黄体	黄体ホルモン（プロゲステロン）	子宮	妊娠の維持，黄体形成ホルモンの分泌抑制（排卵の抑制）
精巣		雄性ホルモン（テステロン）	生殖器筋	男性生殖器の発達，精子形成，タンパク質の同化作用（第二次性徴の発現と維持）

11.4.2 甲状腺とホルモン

甲状腺は喉頭付近の気管にへばり付くように位置し，左右2葉からなる内分泌器官である。甲状腺を形成する小葉は，コロイド状の甲状腺ホルモン前駆体であるチログロブリンで満たされたろ胞により埋め尽くされている。脳下垂体前葉からの甲状腺刺激ホルモンにより，チログロブリンのヨード化されたアミノ酸残基が加水分解を受け，甲状腺ホルモン（トリヨードサイロニン：T_3，チロキシン：T_4）として分泌される。甲状腺の腫瘍などにより，甲状腺ホルモンの分泌が亢進するとバセドウ病となり，眼球突出や頻脈などの症状を呈する。また，甲状腺の背面には麦粒大の副甲状腺（上皮小体）が，上下二対存在し，カルシウム代謝を司るパラトルモンを分泌している。

11.4.3 膵臓ランゲルハンス島と血糖調節ホルモン

膵臓は食物の消化のための酵素を含む膵液を産生する外分泌細胞（95%）と血糖を調節するホルモンを産生する内分泌細胞（5%）からなる。血糖を調節するホルモンは，膵臓内に点在し，海に浮かぶ「環礁」のように見えるランゲルハンス島から分泌される。ランゲルハンス島は，膵臓全体に100万個ほど存在し，その中には3種類の細胞があり，それぞれがホルモンを分泌している。3種類の内分泌細胞のうち，α細胞とβ細胞が血糖の調節に関与しており，α細胞がグリコーゲン分解や糖新生により血糖値を上昇させるグルカゴンを，β細胞がグリコーゲン生成や筋細胞へのグルコースの取り込み促進によって血糖値を低下させるインスリンの分泌を行う。δ細胞からは成長ホルモンの放出を抑制するソマトスタチンが分泌される。グルカゴンやインスリンの分泌調節はホルモンと自律神経によって行われる。

11.4.4 副腎と4種類のホルモン

副腎は，扁平の三角錐上の組織で，左右の腎臓の上部に「ニット帽」のような形で付着している（図11.2）。副腎は，表面から80%を占める皮質と深部に

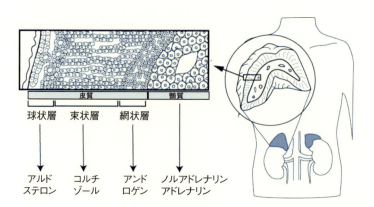

図11.2 副腎の構造と分泌されるホルモン

位置する髄質に分けられ，この2つは脳下垂体と同様に発生学上，その起源は異なっている。皮質はさらに3層構造をしており，それぞれ異なるステロイドホルモンを産生し，分泌する。表層に近い球状帯からは電解質を調節するアルドステロン（鉱質コルチコイド）が，最も厚い層を形成する束状帯からは糖新生などの代謝を調節し抗ストレス作用をもつコルチゾールが，さらに皮質最深部の網状帯からは男性ホルモンであるアンドロゲンが産生・分泌される。皮質内部の髄質からは，循環器や代謝の調節作用をもつカテコールアミン（アドレナリンとノルアドレナリン）を産生・分泌する。副腎皮質ホルモンの分泌調節は，自律神経と脳下垂体前葉からの副腎皮質刺激ホルモンによって，副腎髄質からのホルモン分泌は自律神経性に行われる。

11.4.5 卵巣・精巣と性ホルモン

生殖機能は性ホルモンによって調節され，女性ではエストロゲン（女性ホルモン）が卵巣から，男性ではアンドロゲン（男性ホルモン）が精巣から分泌される。男女ともに少量ながら異性のホルモンも分泌されており，また男女ともに男性ホルモンであるアンドロゲンが副腎皮質から分泌されている。性ホルモンはステロイドホルモンで，その分泌調節は脳下垂体前葉からの生殖腺刺激ホルモンによって行われる。

性ホルモン作用をかき乱す環境ホルモンは知られるようになって久しいが，これは化学物質が性ホルモンの受容体に結合して，野生動物の生殖機能の異常を引き起こすことに由来している。例えば，環境省が指定している内分泌撹乱化学物質の1つ，ビスフェノールAはエストロゲン受容体に結合し，本来のホルモンと同じ応答を亢進させるため，雄の生殖器が発達せず，雌化してしまう。一方，ビンクロゾリンはアンドロゲン受容体に強く結合し，本来のホルモンが結合するのを遮断してしまう。そのため，同様に，雄の雌化が進行する。一般に，受容体に対して，ホルモンなどのリガンドと同じ作用を亢進させるものをアゴニスト，リガンドの作用を遮断するものをアンタゴニストとよんでいる（図11.3）。

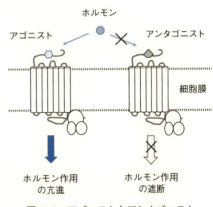

図11.3 アゴニストとアンタゴニスト

11.5 内分泌系の最高位中枢としての視床下部

視床下部は，間脳の最下部をなす脳の領域で，自律神経系の最高位中枢としてのみならず，内分泌系の最高位中枢としても，体温調節や血糖調節などの生命機能の維持ともに性行動や摂食・飲水行動などの本能行動にも重要な役割を担っている。このような生命維持と本能行動に関係する内分泌系を司るために，視床下部にはホルモン産生細胞である神経内分泌細胞が存在している。この細胞から分泌されるホルモンは，脳下垂体へ送られ，末梢の内分泌器官の調節を行う。このように脳の神経細胞がホルモンを分泌し，内分泌系を制御する

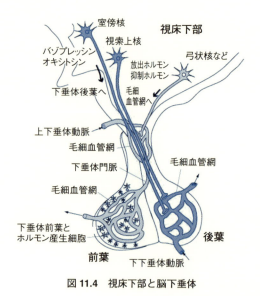

図 11.4 視床下部と脳下垂体

メカニズムを神経内分泌系とよぶ。視床下部の神経内分泌細胞で産生されたホルモンによる下垂体ホルモンの分泌機構には2系統あることが知られている（図11.4）。1つは，神経内分泌細胞が視床下部から長い軸索を脳下垂体後葉まで伸ばして，軸索内輸送されたバソプレッシンやオキシトシンなどのホルモンを神経終末より後葉の静脈に分泌する系統である。もう1つは，視床下部で産生された放出ホルモン（コルチコトロピン放出ホルモンなど）や抑制ホルモン（ソマトスタチン）が，脳下垂体内の下垂体門脈内に分泌され，それらのホルモンによって下垂体前葉に分布するホルモン産生細胞での前葉ホルモンが調節される系統である。脳下垂体は様々な末梢の内分泌腺を調節する上位ホルモンを分泌しているが，その脳下垂体も視床下部の神経内分泌細胞から分泌される上位ホルモンによってコントロールされている。このように，視床下部は体内外の環境変化や本能に基づく生体反応をホルモン分泌の調整により行っている。

11.6　生体の恒常性とホルモンの分泌調節機構

生体にとって，体内外の環境変化に適応して個体の恒常性（ホメオスタシス）を保ったり，種の継続を保つために内分泌腺が，季節に応じたホルモン分泌の調節を行ったりすることは，その個体の生存のみならず，種の存続にかかわる非常に重要なことである。多くの組織や器官においては，ホルモン系のフィードバック調節と自律神経系による調節の二重の制御を受けて，生体内の恒常性の維持を行っている。フィードバック調節とは，元々工学の自動制御システムの考え方で，図11.5のような回路で構成される。

身近な例では，エアコン（エアーコンディショナー）があげられる。エアコンは室温モニターするセンサー部（温度計），設定温度が入力され，それとの誤差

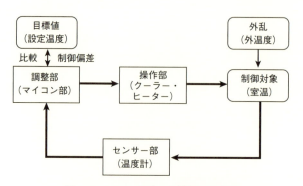

図 11.5　フィードバック制御の回路網

を埋めるように信号を出す調整部（マイコン部），調整部からの信号で作動するクーラーとヒーターからなる操作部からなり，制御対象である室温を設定値に近づける。例えば，室温が30℃になった部屋で，エアコンをつけ温度設定を26℃にした場合，設定温度との誤差4℃を埋めるために，クーラーが作動し，その温度計からの情報は室温が刻々とマイコン部に伝えられ26℃になるまでクーラーが作動する。外気温などの変化で，室温が上下し，いきすぎると，反対の系（上がった場合はクーラー，下がった場合はヒーター）が作動する。これを負のフィードバック（ネガティブ・フィードバック）調節とよぶ。負のフィードバック調節は，制御対象の信号（情報）を調整部に戻すことで，制御対象の状況を一定に維持するために非常に優れた調節法である。フィードバック系には，正の調節（ポジティブ・フィードバック）もある。ホルモン分泌の実例をあげると，視床下部‒下垂体前葉‒甲状腺の制御関係は，負のフィードバック調節である。つまり，上位ホルモンによる甲状腺からの甲状腺ホルモン分泌が亢進すれば，このホルモンは，関連する視床下部や前葉の分泌細胞に対しては抑制的に働き，甲状腺ホルモンの分泌量はほぼ一定に維持される。

11.7　ホルモンの合成とその作用発現メカニズム

ホルモンはその化学構造から大きく3群に分けられる。

(1)　ペプチドホルモン

ペプチドホルモンは，アミノ酸のペプチド結合により生成されるタンパク質の一種で，水溶性ホルモンである。細胞膜を通過することができないため，標的細胞の膜表面にあるホルモンの受容体と結合する。ホルモンが受容体に結合すると，細胞膜に結合した酵素が活性化され，セカンドメッセンジャーとしてcAMP（ノーベル賞の囲み参照）やイノシトール三リン酸（細胞質中のCa^{2+}濃度を調節）の濃度が上昇し，そのホルモン作用にかかわる酵素群をリン酸化し，

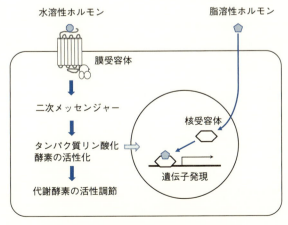

図 11.6　膜受容体と核受容体の作用機序

細胞機能を修飾する（図 11.6）。下垂体ホルモン，膵臓のホルモン，副甲状腺ホルモンなどがある。

（2）　ステロイドホルモン

ステロイドホルモンは，コレステロールを原料とする脂溶性ホルモンで，細胞膜を容易に通過するため，細胞質または核内に存在するホルモン受容体に結合する。ホルモンと受容体の複合体は転写調節因子として，ホルモン作用の標的となる遺伝子の転写を促進し，特定のタンパク質や酵素の合成を促すことで，ホルモン作用が発現する（図 11.6）。副腎皮質ホルモン，男性ホルモン，女性ホルモンなどがある。一方，甲状腺ホルモンはアミノ酸誘導体であるが，ステロイドホルモンと同様に受容体は核内にあり，遺伝子発現を伴う長期的なでホルモン作用を発現させる。

（3）　生理活性アミン

生理活性アミンは，副腎髄質から分泌されるカテコールアミン（アドレナリン，ノルアドレナリン，ドーパミン）や甲状腺ホルモンはいずれもチロシンの誘導体である。カテコールアミンは水溶性ホルモン型の膜受容体を介したセカンドメッセンジャーにより細胞内に情報を伝える。

11.8　臓器・組織から分泌されるホルモン

古典的には副腎皮質や甲状腺などの内分泌腺がホルモンの分泌を行うと考えられていた。しかし，近年の研究から表 11.3 に示すように，これまでホルモン分泌器官とは考えられていなかった脳下垂体以外の松果体や心臓などの組織や臓器が，ホルモンやホルモン様の生理活性物質を生成・分泌し，生体機能を調節していることがわかってきた。

表 11.3　ホルモンを分泌する器官・組織とその生理作用

器官・組織	ホルモン	標的器官	おもな働き
松果体 （脳）	メラトニン	脳	睡眠・生体リズムの調節作用
心室	脳性ナトリウム利尿ペプチド （BNP）	末梢血管	血管の拡張作用
心房	心房性ナトリウム利尿ペプチド （ANP）	腎臓	水分排泄を促進
胃	ガストリン	胃	胃酸分泌亢進
	グレリン	視床下部 下垂体	摂食を刺激 成長ホルモンの分泌促進
腎臓	エリスロポエチン	骨髄	赤血球の産生促進
脂肪細胞	レプチン	視床下部	摂食を抑制，エネルギー消費増大

11.9　ストレスホルモンと PTSD

　災害や事件・事故などによって生命を脅かされたり，それによって大切な人を失うような衝撃的な経験をしたりすると，そのトラウマとなるような心的外傷経験の後に，心的外傷後ストレス障害（post-traumatic stress disorder: PTSD）とよばれる症状を呈する。PTSD のおもな症状として，過覚醒や繰り返す悪夢などの精神症状に加え，不整脈や下痢などの身体的症状が起こることが知られている。この症状は，トラウマがもたらすストレスによって誘発された脳の構造と機能の急性的および慢性的変化によるものであると考えられている。このストレスによる脳の変化のメカニズムはまだ明らかではないが，ほとんどの外傷体験者の PTSD 発症が，トラウマ体験後 1 か月ほど続くストレス関連症状（急性ストレス障害）の後に起こる。このストレス障害時には，副腎皮質ホルモン，カテコールアミン，内因性オピオイドなど，ストレス反応性のホルモンや神経伝達物質の分泌を伴う。これらのストレスホルモンは，グルコース放出や免疫機能の増強を引き起こすことで，ストレスに対処するためのエネルギーの生体への供給を促すが，慢性で持続的ストレスはストレスホルモンの有効性を阻害することが知られている。また，PTSD の患者は視床下部‐下垂体‐副腎皮質系（hypothalamic-pituitary-adrenal: HPA 系）機能の調節異常と，副腎皮質機能を検査する試験の結果から，コルチゾール分泌の過剰抑制および視床下部におけるコルチコトロピン放出因子の分泌亢進が示唆されている。さらに，ストレスホルモンとよばれるコルチゾールは記憶の形成に関連している大脳辺縁系（12 章参照）の海馬を萎縮させることが確認されており，これが PTSD と関連する可能性を指摘されている。これらの研究は，PTSD の患者の特徴としてあげられている精神症状や身体的症状が，どのように起こるかを理解する際に重要な役割を果たしている。また，これらの研究は PTSD 治療の方向性を示しており，その理解は非常に重要である。

演習問題：環境ホルモンと野生動物の雌化について調べ，その作用メカニズムを簡潔に説明しなさい。

| コラム |

究極の痩せ薬レプチン

　近年，欧米諸国のみならず日本においても肥満やそれに伴う生活習慣病（糖尿病や高血圧）は，大きな社会問題となっている。1994 年，アメリカの分子遺伝学者フリードマン（Friedman, J. M., 1954-）らは，肥満マウスの DNA 解析データからあるペプチドホルモンの存在を突き止め，そのホルモンの mRNA が脂肪細胞に多く発現することを見いだした。このホルモンを精製し，マウスに投与したところ食欲の低下が起こり，体重が減少したので，この物質にギリシャ語で「痩せる」を意味する「レプトス」からレプチンと名づけた。このホルモンは，体内のエネルギー貯蔵量に応じて分泌され，視床下部の摂食中枢に作用して，食欲を減退させたり，エネルギー消費を高めたりすることが明らかになった。しかも，これまでエネルギー貯蔵組織と考えられた脂肪細胞から，食欲を調節するホルモンが分泌されていることが明らかになった。この発見に，現代社会の問題となっている成人病の元凶である肥満を標的としている医薬業界では大きな話題になり，究極の「やせ薬」としての期待が高まった。しかし，レプチンの研究が進んでいくと，肥満の患者はレプチンが分泌されないのではなく，レプチンは脂肪量に比例して分泌されているが，Ⅱ型糖尿病（9 章，9.4.2 項参照）のように，レプチン受容体がレプチンに対して抵抗性を有する（作用不足）可能性が示され，究極の「やせ薬」としての夢は消え去った。

　一方，100 万人に 1 人という脂肪萎縮症という疾患があり，2015 年 7 月から厚生労働省により難病に指定されている。この遺伝病では脂肪細胞の機能不全のため脂肪組織が萎縮し，内蔵脂肪や皮下脂肪がほとんどない。しかも，レプチンにより摂食中枢が刺激されず食べ続けるため，重篤な高中性脂肪血症や糖尿病に陥る。原因遺伝子として *BSCL2* 遺伝子が候補にあがり，ヒト iPS 細胞を用いた研究が進められている。2016 年には，この遺伝子に異常をもつ iPS 細胞を脂肪細胞に分化させると，正常な遺伝子をもつ iPS 細胞の場合と比較して，脂肪細胞への脂肪の取り込みは著しく低下していることが明らかにされた。一方，この疾患に対してはレプチン補充療法が有効であることも確かめられている。

12 デジタル信号とアナログ信号を使い分ける神経系

12.1 はじめに

前章で，生体は生存や環境変化への適応のために，専門化した組織や器官を統合して協調的に働かせるために，ホルモンを使用していることを学んだ。ホ

〈神経細胞膜の末梢および中枢部での興奮と抑制に関するイオン機構の発見〉

ノーベル生理学・医学賞（1963）

ジョン・カリュー・エクレス（Eccles, J. C., 1903-1997）

アラン・ロイド・ホジキン（Hodgkin, A. L., 1914-1998）

アンドリュー・フィールディング・ハクスレー（Huxley, A. F., 1917-2012）

ハクスレーとホジキンは，イカの巨大神経の軸索にガラス微小電極を差し込み，ニューロンの興奮が伝導される際の軸索の膜電位とその変化を記録して解析した。神経が興奮していないときの軸索の膜電位はマイナス側（約－65 mV）であるが，刺激を受けると軸索内の電位が一時的にプラス側（約＋40 mV）に変化することを発見した。2人は軸索で生じるこの電位差について詳細に調査・解析し，細胞膜内外の変化を方程式にまとめて，神経興奮に関する基礎理論として発表した。この仮説はその後実証され，神経興奮と伝導の理解に不可欠な電位依存性イオンチャネルの研究の基礎となっている。ニューロンは電気信号を伝達して情報を伝えるが，接合部のシナプスでは神経伝達物質である化学物質を介在させる。神経伝達物質がシナプス後膜の受容体に結合すると，細胞外のイオンが受容体のチャネルを介して出入りし電位差が生じる。エクルスはシナプスにはニューロン内の膜電位をよりプラスにする興奮性のものと，よりマイナスにする抑制性のものがあることを，微小電極法を用いて明らかにした。

Keyword

神経細胞（ニューロン），シナプス，アセチルコリン，神経インパルス（活動電位），神経膠細胞（グリア），アストロサイト，オリゴデンドロサイト，ミクログリア，樹状突起，軸索，髄鞘（ミエリン鞘），ランビエ絞輪，神経終末，神経伝達物質，シナプス小胞，軸索小丘，興奮，閾値，全か無かの法則，静止膜電位，ナトリウム－カリウムポンプ（Na^+-K^+ポンプ），電位依存性 Na^+ チャネル，脱分極，電位依存性 K^+ チャネル，シナプス間隙，グルタミン酸，GABA，ノルアドレナリン，ドーパミン，セロトニン，中枢神経系，末梢神経系，体性神経系，自律神経系，大脳，灰白質，白質，新皮質，旧皮質（大脳辺縁系），体性感覚野，前頭前野，海馬，扁桃体，大脳基底核，記憶，情動，視床，視床下部，小脳，延髄，脳死，脊髄，知覚（感覚）神経，運動神経，求心路，遠心路，神経節，脳幹，交感神経系，副交感神経系，二重支配，拮抗支配，可塑性，学習，短期記憶，長期記憶，長期増強，シナプス可塑性，作業記憶，グリオトランスミッター

ルモンは微量で持続的に組織や器官を制御するが，そのスピードは早くても分のオーダーで遅い場合は時間，日，年のオーダーで作用するものも多い。しかし，生体が生きていくうえで，急激な環境変化に適応したり，素早い動きで行動したりするためには，ホルモンの働きではそれらを行うことができない。本章では，速やかに生体機能を調節する神経系の構成と働きを理解する。

12.2 神経インパルス伝導とシナプス伝達にかかわる科学史

12.2.1 神経細胞間の特徴的な障壁をシナプスと命名

スペインの神経解剖学者ラモン・イ・カハール（Ramón y Cajal, S., 1852-1934）（以降はカハール）は，1888年に小脳組織片の光学顕微鏡による観察から，神経細胞（ニューロン）どうしが接触していることに気づいていた。一方，イギリスの生理学者シェリントン（Sir Sherrington, C. S., 1857-1952）は，膝蓋腱反射など運動生理学の基礎研究を通じて，神経細胞と次の神経細胞の間には横断障壁があり，反射が生じるまでの潜伏期はこの障壁によるものと考え，1897年にシナプスと命名した（表12.1）。

12.2.2 シナプス構造のニューロン説と網状説の論争

カハールやシェリントンの研究から，神経細胞どうしは非連続的に相互作用をしている可能性が示されていたが，形態的・機能的に神経細胞は繋がっているのか否かの論争が起こった。神経細胞の形態に関して，カハールのニューロン説（形態的には非連続で接触している）とイタリアの解剖学者ゴルジ（Golgi, C., 1843-1926）の網状説（形態的に連続している）の2つの説が唱えられた。1906年にカハールとゴルジは，神経科学・神経解剖学の基礎をつくった業績により，ノーベル生理学・医学賞を共同受賞するが，その受賞演説の際にもカハールはニューロン説を，ゴルジは網状説を唱え，まったく正反対の意見で対立した。この論争は長きにわたり続いたが，2人の死後，1950年代に電子顕微鏡が発明され，シナプス間に隙間があることが観察されたことで，最終的にニューロン説が正しいことが明らかにされた。

表 12.1 神経伝導とシナプス伝達に関連する科学史

西暦	科学者	史実
1897	チャールズ・シェリントン	シナプスの命名
1906	サンティアゴ・ラモン・イ・カハール カミッロ・ゴルジ	シナプスの構造に関する論争
1921	オットー・レーヴィ	神経伝達物質（アセチルコリン）の発見
1939	アンドリュー・ハクスレー アラン・ホジキン	神経伝導のイオン機構に関する発見

12.2.3 迷走神経（副交感神経）から放出される心臓の鼓動制御物質の発見

　神経細胞（ニューロン）どうしやニューロンと効果器との繋がり（シナプス）の間での情報伝達は，神経終末から出る化学物質によることを，オーストリアの薬理学者レーヴィ（Loewi, O., 1873-1961）が 1921 年に発見した。レーヴィは，2 匹のカエルからそれぞれ，迷走神経（副交感神経）のついた心臓とついていない心臓を，生きた状態で摘出した。まず，1 つ目の心臓をリンゲル液に浸し，ついている迷走神経に電気刺激を加えると，心臓の拍動が遅くなった。次に，もう片方の迷走神経がついていない心臓を 1 つ目の心臓と同じ液に浸した。すると，2 つ目の心臓の拍動も遅くなった。この実験から，何らかの可溶性の化学物質が，迷走神経から放出され，それが心臓の拍動を抑制していることが示された。レーヴィはこの化学物質を Vagusstoff と名づけたが，後にアセチルコリン（Acetylcholine: Ach）であることがわかった。

12.2.4 イカ巨大神経の軸索での神経インパルスの計測

　ハクスレーとホジキンはイカ神経の巨大軸索の電気生理学的性質を微小電極法により調べることで，電位依存性ナトリウム（Na^+）チャネルの存在を予測し，ニューロンが興奮したときに生じる神経インパルス（活動電位）の発生機序を 4 つの変数をもつ微分方程式によって数式化した。このホジキン－ハクスレーモデルは，世界で初めて生命現象を数学・物理学で説明したモデルの 1 つとなり，神経科学のブレイクスルーとなった（ノーベル賞の囲み参照）。

12.3　神経系を構成する細胞

　神経系は，生体情報を処理し伝達するニューロンと，ニューロンを構造的・機能的に支援する神経膠細胞（グリア）の 2 種類の細胞によって構成されている。グリア細胞はその形態や機能から，アストロサイト，オリゴデンドロサイト，ミクログリアの 3 種類の細胞に分類される。アストロサイトはニューロンに栄養を運んだり，ニューロンを脳の外の環境から隔離したり，シナプスから放出された余分な神経伝達物質などの回収をしている。オリゴデンドロサイトは脳の構造を支えたり，軸索を伝導する神経インパルスがより速く伝えられるように絶縁体の役割をしたりしている。また，ミクログリアは脳内で死んだ細胞を食べて処理するなど貪食細胞のような一面をもっていて，脳における免疫機構を担っている。

12.3.1 ニューロンの形態的特徴

　ニューロンは，今から 6 億年前（先カンブリア紀）に腔腸動物（クラゲの仲間）が地球上に出現した頃に生まれたと考えられている。ニューロンは，クラゲから，昆虫やヒトにいたるまで，ほぼ例外なくその基本構造には差がなく，「古めかしい」ものでほとんど変わっていない。その構造は，細胞のそれとほぼ同一であるため，細胞膜に包まれ，核，ミトコンドリア，リボソームなどの

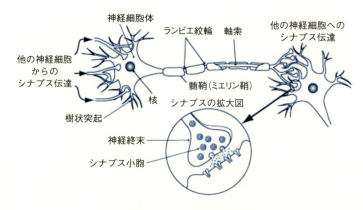

図 12.1　ニューロンの構造

細胞小器官をもつ他，情報伝達のために特化した構造ももつ。形態的にみたその特徴は，他のニューロンから情報を受け取る突起（樹状突起）と情報を送り出す突起（軸索）をもつ点である（図 12.1）。樹状突起は，ニューロンの細胞体から複数出ていて，さらに枝分かれしている。これに対し，軸索は細胞体から出るときは1本であるが，他の細胞に接続する軸索の末端付近では枝分かれしている。軸索は，神経線維ともよばれる。ニューロンには，軸索が髄鞘（ミエリン鞘）で覆われた有髄神経と，髄鞘をもたない無髄神経がある。有髄神経の髄鞘と髄鞘の隙間はランビエ絞輪とよばれ，興奮の伝導を飛躍的に速くする。軸索の末端は神経終末とよばれ，他のニューロンの樹状突起や細胞体などに情報を伝達するためのシナプスを形成する。神経終末には，神経伝達物質とよばれる化学物質が詰まったシナプス小胞が存在している。

12.3.2　ニューロンの興奮と全か無かの法則

　ニューロンの樹状突起に他のニューロンから刺激が入ったり，ニューロンや軸索が直接に電気刺激されたりすると，ニューロンの軸索小丘や軸索で細胞膜表面の電位が逆転し，神経インパルスが発生する。これをニューロンの興奮という。ニューロンはある一定以上の刺激では興奮するが，それ以上強い刺激では，神経インパルスの大きさは変わらないが発生頻度が上昇する。興奮が起こる刺激の最小値を閾値とよび，閾値以下の刺激ではニューロンは興奮しない。つまり，ニューロンは，刺激に対して興奮する（all）か，興奮しない（none）かのどちらかであることから，この性質を全か無かの法則（all or none law）という。

　この法則に従うと，1か0のデジタル的な刺激の認識しかできないことになるが，実際には私たちは刺激のアナログ的な強弱を認識している。これは，刺激が強くなればなるほど神経インパルスの発生頻度がより高くなるために起こる。一方，筋肉の収縮のコントロールは，運動単位とよばれる複数のニューロンで行われ，持続か瞬発かの運動に従ってニューロンの種類が異なり，それらの興奮パターンも違うため，必要に応じた筋肉のコントロールが可能となる。

12.3.3 軸索での興奮の伝導

ニューロンの興奮，すなわち神経インパルスの発生は，まず細胞体から軸索が出て行く軸索小丘で起こる。このインパルスは，軸索の膜の電位に電気的変化を引き起こす。神経インパルスが到達していない場合，軸索の細胞膜表面の内側と外側では，イオンバランスに不均衡がある。膜の内側にはカリウムイオン（K^+）が，外側にはナトリウムイオン（Na^+）と塩素イオンが多く存在しており，興奮前の細胞内の電位は外側に対して約 $-65\,mV$ の差があり，これを**静止膜電位**とよぶ。図12.2に示すように，細胞膜の内面がマイナスで，外面に Na^+ が多いプラスの電位状態，すなわちイオンバランスの不均衡状態は，膜を貫通した**ナトリウム−カリウムポンプ（Na^+-K^+ポンプ）**がATPのエネルギーを使って，3分子の Na^+ を細胞外に汲み出し，2分子の K^+ を細胞内に汲み入れることにより維持されている。

ニューロンに刺激が伝わり，膜電位が閾値を超えると，軸索小丘の細胞膜に埋め込まれた**電位依存性 Na^+ チャネル**が開き，細胞外に汲み出されていた Na^+ が細胞内に一気に流れ込むため，神経インパルスが生じ，電位は約 $-65\,mV$ から約 $+40\,mV$ となり，細胞内外の電位差が一時的に逆転する。これを**脱分極**という。やがて，電位依存性 Na^+ チャネルは閉じ，**電位依存性 K^+ チャネル**が開くと，K^+ が流出して，電位はもとの静止膜電位まで戻っていく。脱分極による電位上昇は，隣接する電位依存性 Na^+ チャネルを開き，同じように次から次へと神経インパルスが発生して，軸索の末端まで伝播する。これは，神経インパルスの発生にかかわった電位依存性 Na^+ チャネルは一時的に閉じたままになり，脱分極できない不応期が生じるためである。このようにして，神経インパルスは逆戻りすることなく神経終末まで一方向に伝導される。

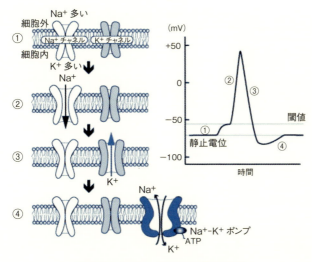

図 12.2　神経インパルスと膜電位変化

12.3.4 シナプスでの情報伝達

神経終末のシナプスでは，次のニューロンとの間に**シナプス間隙**とよばれるわずかな隙間があって，直接繋がっていない。そのため神経終末に到達した神経インパルスは，直接，次のニューロンに伝達されない。シナプスでは電気信号は化学物質に変換されて次のニューロンに伝わっていく。すなわち，神経終末に到達した神経インパルスは，細胞外 Ca^{2+} の流入を引き起こして，シナプス小胞を刺激し，シナプス前膜から神経伝達物質のシナプス間隙への放出を促す。シナプスでの神経伝達物質の伝達にかかる時間は，0.1〜0.2ミリ秒ほどである。神経伝達物質が次のニューロンの樹状突起のシナプス後膜にある受容体に結合すると，受容体が Na^+ チャネルの場合，そのゲートが開いて，Na^+ が細胞内に流れ込み，電気信号に変換される（図12.3）。

シナプス後膜の受容体は大きく2つのグループに分類される。1つはイオンチャネル型受容体で，Ca^{2+}，Na^+，K^+，Cl^- などのイオンを選択的に流入させたり流出させたりする。もう1つは代謝型受容体で，セカンドメッセンジャーを介してイオンチャネルが活性化され，イオンの流出入が起こる（図12.4）。

現在までに神経伝達物質としては，グルタミン酸，GABA（γ-アミノ酪酸），アセチルコリン，ノルアドレナリン，ドーパミン，セロトニン，ATPなどの化学物質と，エンケファリン，P因子などの神経ペプチドが発見されている。シナプス間隙に放出された化学物質としての神経伝達物質は，すみやかに分解されたり，再取込みされたりするため，次のシナプス伝達が可能になる。一方，神経ペプチドはシナプス間隙から漏れて，近傍の神経ネットワークに影響を及ぼすことが知られている。一般に，アセチルコリンやノルアドレナリンなどの神経伝達物質は神経終末で合成されシナプス小胞に取り込まれるが，神経

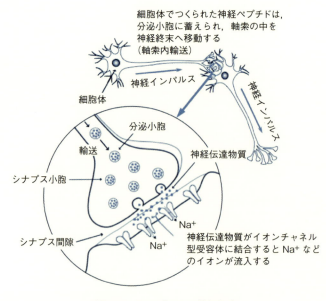

図12.3　シナプスでの情報伝達

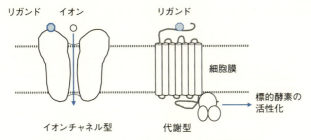

図 12.4　イオンチャネル型受容体と代謝型受容体

ペプチドは核がある細胞体で合成されると，分泌小胞に蓄えられ，軸索内の微小管に沿って神経終末まで運ばれる。

12.4　神経系の分類

　ヒトの神経系はいくつかの種類に分けることができる（図 12.5）。
　まず，成り立ちや役割で分類すると中枢神経系と末梢神経系の2つに分類される。末梢神経系はさらに，体性神経系と自律神経系に分けられる。中枢神経系は，脳と脊髄から成り立っており，脳では身体の様々な部位から送られてきた情報を受け取り，分析，処理し，脊髄を介して様々な器官や組織に指令を出している。これに対して，末梢神経系は中枢に感覚情報を伝えたり，中枢から受け取った指令を身体の様々な器官や組織に伝達したりしている。体性神経系は「意識できる」のに対し，自律神経系による調節は意識することができない。

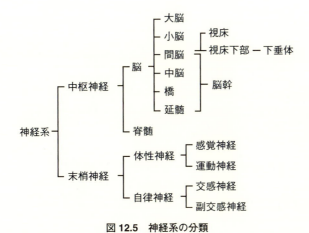

図 12.5　神経系の分類

12.4.1 身体の司令塔としての中枢神経系

脳は大まかに，大脳，間脳，中脳，小脳，橋，延髄に分けられる（図12.6）。
大脳は，ニューロンの細胞体が集まって灰色に見えるため灰白質ともよばれる大脳皮質と，大脳皮質の内側にあり軸索の集まりで白く見えるので白質ともよばれる大脳髄質に分けられる。大脳皮質は，ヒトで最も発達している新皮質と，記憶や情動をコントロールする旧皮質（大脳辺縁系）で構成されている。新皮質では，筋肉の収縮を指令する運動野，皮膚などからの感覚を受け取る体性感覚野，眼からの情報を受け取る視覚野，耳からの情報を受け取る聴覚野，舌からの情報を受け取る味覚野，さらに，様々な情報を統合して判断し，ヒトを「人間らしく」する前頭前野などが局在し，脳の高次機能とよばれる高度で複雑な情報処理と身体の動きを作り出す。旧皮質の大脳辺縁系には海馬と扁桃体があり，記憶の形成や「快・不快」などの情動反応に関与している。一方，大脳髄質にある灰白質の大脳基底核は随意運動の調節や動機づけを行っている。間脳には，嗅覚以外の感覚入力を新皮質に中継する視床と，体温や浸透圧など体内環境を維持（ホメオスタシス）したり，摂食や性行動など本能行動を制御したりする視床下部がある。小脳は，運動機能の調節や身体の動きの記憶を行う。延髄は「生命の維持装置」で，呼吸や血圧の中枢があり，この部位に深刻なダメージを受けると脳死となる。これらの脳機能に対し，脊髄では反射運動などの自動的な情報処理と出力を行っている。

12.4.2 新皮質と情報のやり取りをする体性神経系

体性神経系は2つに分類され，皮膚，眼，耳などからの情報を脊髄や視床に入力する知覚（感覚）神経と，脊髄を経由して届く新皮質運動野からの出力を骨格筋に伝える運動神経がある。知覚神経は身体の様々な部位からの情報を中枢に伝えるため求心路ともよばれる。これに対し，運動神経は随意的に体を動かす際に骨格筋を収縮させるための伝達路となり，遠心路ともよばれる。

12.4.3 ホメオスタシスにかかわる自律神経系

自律神経系の神経節（末梢でニューロンの細胞体が集合した部位）は，脳幹（特に視床下部や延髄など）や脊髄にあり，内臓を中心とした器官へ出力して

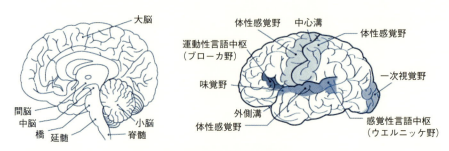

図 12.6 脳の区分と機能局在

いる。自律神経系は呼吸，循環，消化などの生命維持のために不可欠な機能にかかわる神経で，意思とは無関係に働いている。

　自律神経系は交感神経系と副交感神経系の2つに分類される。自律神経によって制御されるほとんどの臓器は，交感神経と副交感神経の両方に制御されており（二重支配），これら2系統の神経系は多くの場合，その支配臓器に対して相反する作用（拮抗支配）をもつ。例えば，心臓では交感神経は心拍数を増加させるのに対し，副交感神経は減少させる。自律神経は末梢の効果器である臓器に達するまでに，神経節で一度ニューロンを換える。中枢から神経節までのニューロンを節前神経，神経節から効果器までのニューロンを節後神経とよぶ。自律神経系の神経伝達物質は，節前神経と節後神経で異なる場合がある。副交感神経系では節前，節後神経ともにアセチルコリンを神経伝達物質とするが，交感神経系では節前神経はアセチルコリンを，節後神経はノルアドレナリンを神経伝達物質としている。

12.5　海馬におけるシナプス可塑性と記憶

　脳のもっと大きな特徴は可塑性をもつことである。可塑性とは発達の段階や環境の変化に対応して，最適な情報処理・出力システムをつくるために，よく使われるニューロンネットワーク（ニューロンどうしの繋がり）のシナプス伝達効率を上昇させ，あまり使われないネットワークは消去したり，効率を下げたりすることをいう。この可塑性は生後の視覚能力や母国語の取得時にも重要な働きをしているが，私たちの日常的な記憶や学習にも深くかかわっている。

　記憶にはその保存期間によって短期記憶と長期記憶に分けられるが，短期記憶には海馬が重要な役割を果たしている。私たちが何かを記憶するときには，まず海馬に新しいニューロンネットワークができると考えられている。この新しい記憶の回路では，シナプス伝達効率が高まり，長期増強という現象が起こる。つまり，繰り返し記憶を呼び起こすことで，シナプス伝達効率が高まり，記憶の神経ネットワークをより強固なものにすることができる。これをシナプス可塑性とよび，学習の過程に非常に重要な現象である。短期記憶の定着には睡眠が有効であることが実験により確かめられており，リハーサルなど反復を繰り返すと側頭葉に長期記憶として蓄えられると考えられている。この他，作業記憶とよばれる一時的な記憶があり，行動時に問題解決するための記憶として，海馬と連携して前頭葉の前頭前野が主として働いている。

演習問題：軸索を伝わる神経インパルスはデジタル信号と言われているが，その理由を簡潔に説明しなさい。

コラム

脳機能の影の立役者：アストロサイト

　脳には約 1000 億個のニューロンが存在するが，その 10 倍の約 1 兆個のグリア細胞がニューロンとともに脳を構成している。ニューロンがネットワークをつくることで，運動や学習といった脳の中心的な役割を果たしているのに対して，この圧倒的な数のグリア細胞はカハールの時代からその存在が知られていたが，ニューロンを補佐する脇役であると考えられてきた。例えば，オリゴデンドロサイトがニューロンの軸索にミエリン鞘を形成して，神経インパルスの伝搬を速くしているのに対し，アストロサイトは脳の毛細血管を「終足」とよばれる突起で隙間なく取り囲み，血液脳関門を形成して，ニューロンに必要とされるものを選別している。

　しかし，電子顕微鏡による観察から，アストロサイトの微細突起がシナプスを隈なく取り囲んでいることが見いだされ，ニューロンの情報伝達活動に積極的に参加していることが明らかになってきた。アストロサイトは，グルタミン酸や ATP などの情報伝達物質をグリオトランスミッターとして分泌し，それらの受容体を介して，ニューロンと似たような情報交換をしている。アストロサイトはニューロンのように神経インパルスは発生させないが，グリオトランスミッターに応答して細胞内 Ca^{2+} 濃度が上昇し，「興奮」することが示された。また，アストロサイトは状況に応じて D-セリンを分泌して，記憶や学習に深く関係するニューロンのシナプス可塑性をコントロールしている可能性も示された。2016 年，アストロサイトにニューロンから放出されたノルアドレナリンという注意や覚醒などとかかわる神経伝達物質が作用し，その Ca^{2+} 興奮を介してニューロンのシナプス伝達効率を上昇させていることが明らかにされた。一方で，一過性の局所脳虚血モデルマウスでは，アストロサイトから放出されたミトコンドリアがニューロンに取り込まれ，虚血ストレスからの回復を支援している可能性が報告されている。

　このように，脳の機能にかかわるアストロサイトの研究はまだ始まったばかりだが，今後の成果によっては，ニューロン中心だったこれまでの脳の働きや役割に対する理解ならびに疾患の治療法が劇的に変わる可能性がある。

13 無限の敵を打ち負かす免疫のからくり

13.1　はじめに

　体内環境はホルモンや自律神経を介して維持されていることをすでに学んだ。しかし，体外環境には，紫外線，化学物質，病原体（病原性微生物やウイルスなど）など生体に害を与える様々な要因があり，脊椎動物にはこれらの要

〈抗体の多様性に関する遺伝的原理の発見〉　ノーベル生理学・医学賞（1987）

　利根川 進（Tonegawa, S., 1939–）

　体内に侵入した病原体や異物は，抗原として白血球のB細胞に抗体の産生を促す。抗体は，血液など体液中に存在するタンパク質であり，その種類は，遺伝子であるDNAによって規定されるアミノ酸配列によって決められている。1つの抗体には少なくとも1種類の遺伝子が必要である。当時，ヒトの遺伝子の総数は数万個あると推定されていたが，実際に存在するヒトの抗体はほぼ無限にあると考えられていた。この限られた遺伝子から果てしない種類の抗体を産生できる謎を解き明かしたのが，利根川進である。利根川は，未分化のマウス胎児の胚細胞のDNAと抗体を分泌している分化したマウス骨髄腫細胞のDNAを比較した。それぞれの遺伝子を制限酵素で切断して，抗体軽鎖DNAの一部の塩基配列もとに作成し^{125}Iで標識した2種類のプローブを用いて，電気泳動により比較したところ，両者の可変部位と定常部位に関連するDNA断片の長さにそれぞれ大きな差が見られた。この実験により，未分化の胚細胞から分化し，クローン化された腫瘍細胞では，抗体遺伝子に組み換えが起こっていることを，利根川は初めて示すことに成功した。

Keyword

病原体，生体防御，免疫，ワクチン，血清療法，臓器移植，拒絶反応，自己，非自己，抗原，抗体，主要組織適合遺伝子複合体（MHC），クローン選択説，抗原決定基，遺伝子再編成，白血球，リンパ球，骨髄，樹状細胞，貪食細胞，肥満細胞（マスト細胞），マクロファージ，抗原提示，自然免疫（先天性免疫），ナチュラルキラー細胞（NK細胞），胸腺，T細胞（Tリンパ球），B細胞（Bリンパ球），リンパ管，リンパ節，獲得免疫（後天性免疫），非特異的免疫，物理的防御，化学的防御，食作用，炎症，サイトカイン，トル様受容体（TLR），アポトーシス，獲得免疫（特異的免疫），T細胞受容体（TCR），B細胞受容体（BCR），ヘルパーT細胞，キラーT細胞，細胞性免疫，形質細胞（抗体産生細胞），記憶細胞，抗原抗体反応，体液性免疫，一次応答，二次応答，免疫記憶，免疫グロブリンG（IgG），可変部位，定常部位，抗原結合部位，鍵と鍵穴，免疫寛容，正の選択，負の選択，ヒト白血球抗原（HLA），予防接種，アレルギー，アレルゲン，アナフィラキシー，ヒト免疫不全ウイルス（HIV），後天性免疫不全症候群（AIDS），日和見感染，腸内常在菌，腸内細菌叢

因から身を守る防衛システム（生体防御）が備わっている。その中でも病原体やタンパク質などに対して発動する生体防御を免疫という。本章では，病原体などによる感染の危険から身体を守り，安定した体内環境の維持に重要な役割を果たしている免疫の機能を学習する。

13.2 免疫メカニズムと抗体多様性の解明にかかわる科学史

13.2.1 ジェンナーによる種痘法の開発

天然痘は，天然痘ウイルスを病原体とし，高熱や発疹（水泡）を伴い，20〜50%の致死率となる感染症である。感染力が非常に強く，古来より人類にとって恐ろしい存在であった。イギリスの医師ジェンナー（Jenner, E., 1749–1823）は，「乳搾りの女性は決して天然痘にかからない」という事実に着目し，ヒトには弱毒性の牛痘（牛の天然痘）にかかった女性の患部の膿を，牛痘にも天然痘にかかっていない少年に接種すると，その後，天然痘を接種しても発病しないことを発見した（表13.1）。医学会の認められるまで時間はかかったが，種痘（牛痘接種）による人類初の免疫を利用した病原体に対する予防法が確立された。種痘は，その後の免疫学や予防医学の発展に大きく寄与した。

13.2.2 パスツールによるニワトリコレラ菌を用いたワクチンの理論的裏づけ

生物学分野の業績「自然発生説」の否定で著名なフランスの細菌学者パスツールは，医学や生化学の分野でも大きな功績を残した（1章，1.2.1項参照）。ジェンナーの種痘の効果は，経験的にわかってはいたが，なぜ天然痘にかからなくなるのかという理論的裏づけはなかった。パスツールは，ニワトリコレラ菌を使って，それを明らかにした。たまたま放置したことによりニワトリコレラ菌は弱毒化し，これを接種した鶏は発症しなかった。その後，毒性を確認したニワトリコレラ菌を接種してもこのニワトリは死なないことを発見した。このことから，弱毒性コレラ菌への感染はニワトリの免疫系に「記憶」され，この「記憶」によって，二度と同じ病気にはかからないことが明らかにされた。

表13.1 免疫メカニズムと抗体多様性の解明に関連する科学史

西暦	科学者	史実
1796	エドワード・ジェンナー	種痘の開発
1877	ルイ・パスツール	ワクチンの命名と理論的裏づけ
1890	北里柴三郎	血清療法の開発
1902	アレクシス・カレル	血管吻合法による臓器移植術の基礎の確率
1953	ジョージ・スネル	主要組織適合性遺伝子複合体（MHC）の発見
1957	フランク・バーネット ピーター・メダワー	免疫細胞のクローン説の提唱と証明
1976	利根川 進	抗体遺伝子の再構成の証明

13.2 免疫メカニズムと抗体多様性の解明にかかわる科学史 145

パスツールはこの弱毒化した病原体を，種痘のもととなった雌ウシのラテン語 Variolae vaccinae から，ジェンナーに敬意を表して，ワクチン（vaccine）と名づけた。その後，炭疽菌や狂犬病ウイルスのワクチンの開発に成功した。

13.2.3 北里による破傷風毒素に対する血清療法の開発

北里柴三郎（Kitasato, S., 1853-1931）は，破傷風菌が芽胞の状態では熱湯や消毒液にも耐え生き残ることを利用して雑菌を取り除き，空気を水素ガスに置き換えた亀の子培養皿で破傷風菌の嫌気的な純粋培養に初めて成功した。さらに，破傷風の発症の原因は破傷風菌が出す毒素であると考え，その培養液の濃度を薄めた溶液をウサギに注射した。そして，その濃度を少しずつ上げても生き残るウサギは，その後，致死量を超える破傷風菌を注射されても，破傷風を発症しなかった。これを北里は，ウサギの体の中に，破傷風の毒に対抗する「抗毒素」ができるためだと考えた。さらに，その生き残ったウサギの血液や血清を破傷風にかかったことのない動物に注射しておくと，破傷風菌に対して同様の耐性効果をもつことを発見し，血清療法の基礎をつくった。

13.2.4 カレルによる血管吻合技術の開発と臓器移植の基礎技術の確立

19世紀末頃の外科の使命は，悪くなった部分を切除することであった。外科研修医のカレル（Carrel, A., 1873-1944）は，傷ついた臓器でも酸素や栄養を供給する血管をうまく繋いでやれば，その機能が回復する可能性あがると考えた。カレルは刺繍師のもとで腕を磨き，血管を縫合する三角吻合術やパッチ法を編み出し，さらにこれらの外科手術を用いた臓器移植の基礎を確立した。その功績で，1912年にノーベル生理学・医学賞を受賞した。

13.2.5 スネルによる主要組織適合遺伝子複合体の発見

臓器移植した際に起こる拒絶反応は，免疫系が自己と非自己を認識し，抗原である移植片に対して抗体をつくることで起こる。拒絶反応の原因である移植抗原の本体を明らかにすることを目的として，アメリカの移植免疫学者スネル（Snell, G. G., 1903-1996）は，兄弟交配により遺伝的背景がほぼ同一の近交系のマウスを樹立した。同系移植は成功することを確認し，組織適合遺伝子（H遺伝子）を見つけるため，X線照射により近交系の変異マウスをつくり，もとのマウス（野生型）と遺伝子変異のあるマウス（変異型）の2種類の系統マウスを交配して，様々な実験を行った。その結果，H遺伝子は単一でなく，遺伝的多型のある複合体であることを見いだし，拒絶反応を決定する遺伝子を主要組織適合遺伝子複合体（major histocompatibility antigen complex: MHC）と名づけた。MHCには3種類のクラスI遺伝子と3種類のクラスII遺伝子があり，どの遺伝子も多型で，両親から受け継いだ対立遺伝子のいずれもが1個体で発現していることを明らかにした。スネルは，この業績でドーセット（Dauset, J., 1916-），ベナセラフ（Benacerraf, B., 1920-）とともに1980年にノーベル生理学・医学賞を受賞した。

13.2.6 バーネットによる抗体の特異性を説明するクローン選択説の提唱

　抗体が発見された当時，その特異性について2つの仮説が提唱されていた。1つは「指令説」で，すべての抗体は同じポリペプチド鎖からなり，抗原を鋳型として結合部位の立体構造が形成されるという仮説である。もう1つは「選択説」で，あらかじめ血液中に存在する抗体の中から高親和性のものが選ばれるという仮説である。この対立は2種類の抗原を1匹の動物に接種したところ，それぞれに特異的な抗体を産生しているのは別々のB細胞であることが判明し，指令説は否定された。1957年，この選択説を理論的に発展させたのがオーストリアのウイルス学者バーネット（Burnet, F. M., 1899-1985）で，提唱されたクローン選択説は抗体産生の基本概念となった。すなわち，抗原に特異的な抗体はそれぞれB細胞のクローン（遺伝的に同一な細胞群）としてランダムに準備されており，抗原が生体内に侵入すると，この多数のクローンの中からこの抗原に対応するクローンが選択され増殖し，抗体を産生するようになるという概念である。この説をイギリスの生物学者メダワー（Medawar, P. B., 1915-1987）が，実験によって実証し，バーネットとともに1960年にノーベル生理学・医学賞を受賞した。

13.2.7 利根川による抗体遺伝子再構成の証明

　B細胞クローンは1種類の抗体しかつくらず，その抗体は抗原にある1種類の抗原決定基（エピトープ）しか認識できない。ほぼ無限にある抗原に対して，限られた遺伝子からつくられる抗体の「多様性の発現メカニズム」について，利根川は分子生物学の手法を用いて解析した。マウス胎児の胚細胞のゲノムとミエローマ腫瘍のクローン化された抗体産生細胞腫のゲノムを制限酵素で切断し，抗体軽鎖の可変部位と定常部位に相当する2種類のDNA鎖を^{125}Iで標識したプローブとして用い，電気泳動で分離したゲノム断片の中の該当するDNA鎖の長さに差があるかどうか調べた。可変部位に関連するゲノム断片の長さおよび定常部位のそれにおいても，両者で差が認められたことから，B細胞が成熟していく過程で，抗体遺伝子に再構成が起こることが証明された。それまでは，遺伝子は終生変化しないものと考えられていたが，抗体遺伝子には当てはまらず，遺伝再編成という新しい発見に繋がった。

13.3 免疫の概念

　私たちの身体は，病原体や異種タンパク質などの抗原に対して防御機能を備えている。私たちの体を「1つの独立国」とみなすと，この防御機能は「入国審査」と「国内のパトロール」にあたる。入国審査で，犯罪集団や不法入者であるウイルス，細菌，異物を「水際」で発見し，捕捉して攻撃する。また，パトロールによってがん細胞などの内部反乱者を発見し，同様にして排除する。このように，免疫とは侵入者や内部反乱者を排除する仕組みのように考えられがちだが，その本質は自己と非自己の識別である。したがって，免疫とは動物

が非自己のタンパク質などを認識し，生体の防御機能を作動させることをいい，大きく2つの免疫系に大別できる。

13.4 免疫に関連する組織や器官

哺乳類では，白血球とリンパ球が免疫をおもに担当している。白血球は，赤血球と同様に骨髄の中に存在する造血幹細胞に由来し，顆粒球，単球，樹状細胞などに分けられる。顆粒球は，ギムザ染色によって，好中球，好酸球，好塩基球の3つに分類される。好中球は貪食細胞として体内に侵入した病原体や異物を排除し，好酸球は1型アレルギーや感染症の際に増加する。好塩基球は組織内にある肥満細胞（マスト細胞）と類似しており，免疫反応に関与していると考えられているが，その役割は明らかではない。単球は血管内に存在するときの名称で，非自己の侵入により組織内に移動して，マクロファージとなり，組織に存在する樹状細胞とともに貪食機能や抗原提示を行うことで自然免疫（先天性免疫）としての機能を発揮している。一方，リンパ球も造血肝細胞に由来するが，その一種であるナチュラルキラー細胞（NK細胞）はがん細胞ウイルス感染細胞を排除する自然免疫の主役である。未熟なリンパ球は胸腺または骨髄で分化し，それぞれT細胞（Tリンパ球）やB細胞（Bリンパ球）としてリンパ管やリンパ節に待機し，抗原提示細胞や非自己に出会うことにより成熟し，獲得免疫（後天性免疫）の機能を得る（図13.1）。

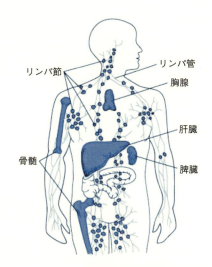

図13.1 主要な免疫関連器官

13.5 自然免疫（非特異的免疫）

13.5.1 生体防御の最前線

すべての動物は，先天的に病原体の感染から逃れる自然免疫とよばれる仕組みが備わっている。これは非特異的免疫ともよばれ，体外と体内の防御に分けられる。生体防御の第一線は，体外で行われる防御で，異物や病原体の体内への侵入を防ぐことである。図13.2(a)に示すように，私たちの全身を覆う皮膚によるバリア，粘膜から分泌される粘液，くしゃみ・咳や気管の繊毛による異物の除去といった物理的防御があげられる。また，汗と胃液などは酸性の環境をつくって微生物の増殖を抑えたり，涙や唾液に含まれるリゾチームや，皮膚や呼吸器の表面にあるディフェンシンなどのタンパク質は，細菌の細胞壁を破壊したり，細胞膜に孔を開けたりして，化学的防御にかかわっている。さらに，外界と接している皮膚や腸管・膣の粘膜には100兆個以上の常在菌が生息しており，常在菌の存在が外来の病原体の増殖を抑えるのに役立っている。

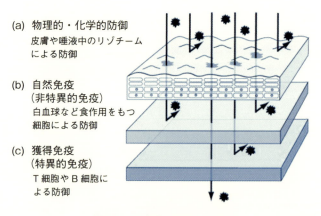

図 13.2　3 段階の防御システム

13.5.2　体内での非特異的な防衛

強固なバリアである皮膚が外傷などで傷つき，病原体や異物が体内に侵入すると，病原体の種類を問わず，食作用をもつ樹状細胞やマクロファージが直ちに集まってきて，侵入した病原体を攻撃する（図 13.2 (b)）。細胞が損傷したり，病原体が感染したりした部位では，かゆみや痛みとともに赤く腫れるなどの炎症が引き起こされる。この現象は，図 13.3 に示すように，障害を受けた組織では樹状細胞が活性化するとともに，マクロファージが遊走してきて免疫にかかわるサイトカインなどの情報伝達物質を放出し，血管を拡張させたり，その透過性を増加させたりするためである。一方，マスト細胞からはヒスタミンが分泌され，アレルギー反応が引き起こされる。感染部位に集まった好中球，マクロファージ，樹状細胞などの貪食細胞は，その旺盛な食作用で病原体や感染によって損傷した細胞を排除する。

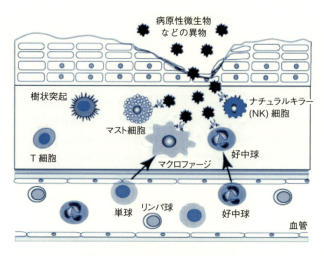

図 13.3　自然免疫に関与する細胞

自然免疫にかかわる貪食細胞は非自己を識別するための数種類のトル様受容体 (toll-like receptor: TLR) を細胞表面に発現している。例えば，ウイルス因子（糖タンパク質や RNA）により TLR が活性化されるとインターフェロンとよばれるサイトカインが放出され，ウイルス感染細胞に作用すると，タンパク質合成は止まり，アポトーシス（プログラム化された細胞死）が引き起こされる。一方，ナチュラルキラー細胞は，正常細胞からがん細胞やウイルス感染細胞などを識別して，非自己を提示する細胞に結合し，グランザイムとよばれるプロテアーゼを注入してアポトーシスを誘導する。

13.6 獲得免疫（特異的免疫）

13.6.1 獲得免疫の発動

脊椎動物には，1度侵入した非自己を記憶することで，次に同じものが侵入した際に，それを特異的に識別し，効果的に非自己を排除する仕組みが備わっている。自然免疫（非特異的免疫）と比較して，最初の応答が発動するまでにかかる時間が長く，1週間以上かかる場合があるが，2度目からは素早くさらに強力な応答を見せる。獲得免疫（特異的免疫）では，リンパ球である T 細胞や B 細胞が主役である（図 13.2 (c)，図 13.4）。

自然免疫から獲得免疫へと切り替えられる際には MHC が重要な役割を果たしている（13.2.5 項参照）。まず，非自己を貪食した樹状細胞は細胞内でこれを断片化して，リンパ節に移動し，クラス II MHC に挟んでそのペプチド断片を提示して，未熟な T 細胞の中から，これを認識できる T 細胞受容体 (TCR) を細胞表面に発現しているものを選ぶことから始まる（図 13.5）。TCR も遺伝子再編成により多様化している。一方，未熟な B 細胞は膜型免疫グロブリン M (IgM) を B 細胞受容体 (BCR) として細胞表面に発現しており，非自己の抗原

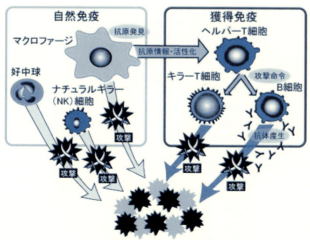

図 13.4　自然免疫と獲得免疫の仕組み

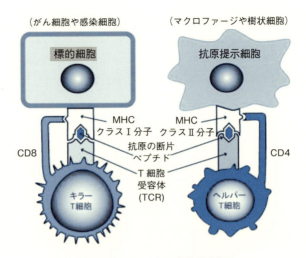

図 13.5 MHC と T 細胞受容体

決定基が結合するのをリンパ節で待っている．抗原が BCR に結合するとこれを取り込み，分解して同様にペプチド断片をクラスⅡ MHC に挟んで細胞表面に提示する．このようにして，自然免疫系から獲得免疫系へ切り替えられるが，この間を取りもつ免疫細胞として**ヘルパー T 細胞**が重要な役割を果たしている．一方で，一定の期間内に適合する抗原と出会わなかった未熟な T 細胞や B 細胞は順次死滅していく．

13.6.2 細胞性免疫による病原体の排除

リンパ節おいて，抗原提示細胞から MHC を介して情報を受けた未熟な T 細胞は，分化して，ヘルパー T 細胞になる．この場合，病原体がウイルスか細菌かにより 2 種類ヘルパー T 細胞に分かれる．ウイルスの場合，クラス Ⅰ MHC 介して情報が伝わり，ヘルパー T_1 細胞に分化し，細菌の場合，クラスⅡ MHC を介して情報が伝わり，ヘルパー T_2 細胞に分化する．ヘルパー T_1 細胞はさらに，未分化の T 細胞に働きかけ，**キラー T 細胞**への分化を誘導する．キラー T 細胞はリンパ節から，血液に乗って再び感染部位に戻り，ウイルス感染細胞のクラス Ⅰ MHC に挟まれた内因性のウイルス由来のペプチドを TCR により認識して攻撃する．この際，認識には補助受容体として CD8 とよばれる膜タンパク質を必要とする (図 13.5)．一方，ヘルパー T_2 細胞は，クラスⅡ MHC を介して同じ抗原由来のペプチドを提示するマクロファージを活性化させて，その貪食作用を増強させる．この際には，CD4 が補助受容体として必要である (図 13.5)．これらは，局所的に起こる免疫反応で，キラー T 細胞やマクロファージが直接細胞を攻撃するので**細胞性免疫**という．また，ヘルパー T_2 細胞は，同時に次節で解説する液性免疫の B 細胞の増殖・分化を促す．

13.6.3 体液性免疫と抗体の生成

非自己である物質や病原体などがリンパ節にやってくると，その抗原決定基

13.6 獲得免疫（特異的免疫）

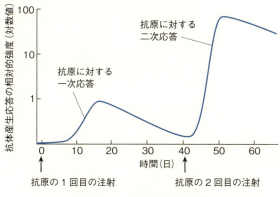

図 13.6　一次応答と二次応答

と結合できる BCR を発現している B 細胞は，これを介して取り込み分解し，その断片を挟んだクラス II MHC を細胞表面に提示する。すでに樹状細胞から同一の抗原情報を受けて活性化されたヘルパー T_2 細胞は，TCR を介して B 細胞が提示した情報を認識すると，サイトカインを分泌して B 細胞を活性化する。B 細胞は増殖し，抗体を大量に産生することができる形質細胞（抗体産生細胞）に分化する。ヘルパー T 細胞や B 細胞の一部は記憶細胞としてリンパ節内に残り，二次応答に備える。形質細胞が放出した抗体は，体液により感染部位へと運ばれ，抗原と結合して（抗原抗体反応），病原体の増殖や細胞へのウイルス感染を抑制する。また，非自己に結合した抗体は，その定常部位が好中球やマクロファージの標的目印になり，貪食が増強される。体液性免疫では抗原抗体反応が中心となり，非自己を抗体で取り囲むことにより不活性化する。私たちの身体には，常時，数千万種類以上の受容体を発現している B 細胞や T 細胞が存在しているので，ほとんどあらゆる非自己に対応することができる。

　図 13.6 に示すように，体内に初めての抗原が侵入した際には，未熟なリンパ球の活性化に時間がかかり，その抗原に特異的に働く抗体を産生するためには 1 週間以上の時間を要する（一次応答）。一次免疫応答が確立された後に再度同じ抗原に感作した場合，一部の T 細胞や B 細胞が記憶細胞として残っているため，記憶細胞が直ちに活性化され，より迅速にキラー T 細胞や形質細胞へと分化して増殖し，獲得免疫系の細胞性免疫や体液性免疫が発動される（二次応答）。この応答により，抗原がもたらす疾患は発症しないか，症状は軽くすむ場合が多い。これを免疫記憶とよび，この記憶は数年間から一生涯続くことが知られている。

13.6.4　抗体の構造と多様性

　抗体は免疫グロブリン G（IgG）という Y 字型をしたタンパク質で，H 鎖と L 鎖の組合せ 2 つからなる（図 13.7）。
　H 鎖と L 鎖の先端部は可変部位とよばれ，先端部にくるペプチド鎖のアミノ酸配列は遺伝子再編成により多様性を有し，様々な非自己の抗原決定基に対

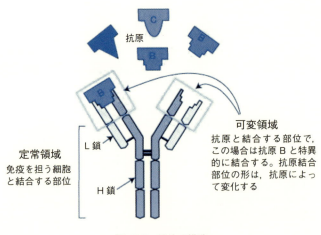

図 13.7　抗体の構造

応することができる．他の部分は定常部位とよばれ，どのIgGでも同じアミノ酸配列をもつ．H鎖の定常部位の末端はマクロファージなどが抗体に囲まれた抗原を貪食する際の目印となる．抗体の可変部位は，抗原結合部位として，抗原の抗原決定基と「鍵と鍵穴」の関係があり，1つの抗原決定基には特定の抗体しか結合できない．

　免疫グロブリン遺伝子では，H鎖の可変部位は3つ，L鎖の可変部位は2つの領域に分かれており，それぞれの領域に応じて数個から数百個並んでいる．ヒトでは胎児期から幼児期へ成長する過程で，抗体を産生するB細胞のクローンがつくられる際に，各領域から1つの断片だけが選ばれて抗体可変部の遺伝子の再編成が起こる．一方，定常部位をコードする領域は5種類あり，B細胞の分化の過程で必要とされるものが発現する．すなわち，免疫グロブリンにはM，D，G，E，Aの5種類があり，例えば，未熟なB細胞ではIgMが，成熟した形質細胞ではIgGが産生される．アレルギーの場合は，アレルゲンとなる非自己をもとにB細胞でつくられたIgEがマスト細胞の膜表面に移行する．IgAは気道や腸管の粘膜免疫にかかわっている．あらかじめ膨大な種類の抗体産生可能なB細胞のクローンがつくられており，非自己が侵入すると，その非自己の抗原提示基に結合可能なIgMを細胞表面に提示しているB細胞のみが増殖し，成熟して形質細胞となりIgGを産生する（ノーベル賞の囲み，13.2節参照）．

13.7　自己と非自己と免疫寛容

　免疫の本質は，自己と非自己の識別を行い，非自己を排除するシステムである．そのため，自己の細胞やタンパク質に対しては免疫反応を起こさないようになっており，免疫寛容とよばれている．しかし，同時に膨大な種類のT細胞やB細胞の中には，自分の細胞やタンパク質を攻撃するものが出現する可

能性がある。これを防止するためには，自己非自己を識別し，自己の細胞やタンパク質に反応・攻撃する恐れのある T 細胞や自己抗体を産生する B 細胞を，分化の過程で除去あるいは不応答状態しなければならない。

13.7.1 免疫寛容のメカニズム

T 細胞を例に自己攻撃の可能性のある細胞の除去メカニズムを説明する。T 細胞が選別される胸腺内において，樹状細胞はクラス II MHC 分子に自己抗原由来のペプチドを挟んでいる（図 13.5）。未熟な T 細胞が TCR によりこれを認識した場合は，その細胞は胸腺内でアポトーシスにより排除される。骨髄で造血幹細胞から分化した T 前駆細胞は胸腺へ移行し，自己と非自己を識別できるよう選別される。自己抗原由来のペプチドを挟んだ自己の MHC にまったく結合しない TCR を発現している場合は，アポトーシスにより死滅する。これを正の選択という。一方，自己抗原に強く反応する T 前駆細胞も除去されるが，これを負の選択という。

13.7.2 主要組織適合遺伝子複合体（MHC）と臓器移植の拒絶反応

細胞性免疫では，ヘルパー T$_1$ 細胞から指令を受けたキラー細胞がウイルス感染細胞を非自己として排除する（図 13.5）。拒絶反応のメカニズムには，このように MHC がかかわっている（13.6 節参照）。MHC はクラス I，クラス II とも多型（対立遺伝子の数が多いこと）で，それぞれ，両親から受け継いだ 3 種類の遺伝子すべてが発現している。例えば，クラス I MHC はすべての細胞で発現しており，6 種類ある組合せにより多様性が生じるので，個体を識別できる。臓器移植では，他人から移植された臓器の細胞に発現しているクラス I MHC の組合せは，ほとんどの場合，自己とは異なるので，ナチュラルキラー細胞やキラー T 細胞が非自己と認識して攻撃する。この現象を拒絶反応とよぶ。ヒトの MHC は，白血球で発見されたことから，ヒト白血球抗原（HLA）ともよばれている。

現在では，臓器移植の際に HLA 型が似通ったドナー（臓器提供者）から臓器提供を受けたり，拒絶反応を弱めたりする薬剤が数多く開発されている。なかでも最も有名なものはシクロスポリンという，白血球の増殖を司るサイトカインの分泌を抑制することで免疫を抑制する薬剤が使用される。

13.8 免疫記憶と医療

感染症は有史以来，人類にとって最も大きな脅威となっていた。特に感染力の強い伝染性の病原体は，時に爆発的な流行（パンデミック）を引き起こし，社会を恐怖に陥れていた。しかし，免疫のメカニズムが次第に明らかになり，それを利用することで，感染症への予防や治療が可能になった。ジェンナーやパスツールによって最初に開発されたワクチンの予防接種は，免疫記憶の仕組みを利用したものである。

無毒化または発病しない程度に弱毒化した病原体をワクチンとして接種（おもに皮下注射）することで，人為的に一次応答が引き起こされ，記憶細胞が形成される。その後，同じ病原体が再度侵入してきたときに，待機していた記憶細胞がこれを認識し，二次応答として大量の抗体が分泌され病原体は素早く排除される（図13.6）。

ワクチンは，病原体やその毒素を使用して人工的に作成するが，接種したワクチンによって発病しないようする必要がある。そのために，熱処理や薬物により殺菌した病原体，病原性を弱めた弱毒株，遺伝子組換え技術により抗原性を維持したまま無毒化した病原体，病原体のDNAそのものを使うワクチンが使用されている。

マムシやヤマカガシなどの毒ヘビに噛まれた場合，ヘビ毒に対する抗体を含む血清を注射して，体内に入った毒の作用を阻害する治療法を血清療法とよぶ。この療法は，特定の毒素を馬などの大型動物に致死量にならないように接種し，その抗体を含む血清を治療に使用する方法である。その開発は19世紀末に北里らによって初めて行われ，破傷風やジフテリアなどの感染症の治療に大きな効果を上げた（13.2節参照）。現在では，毒ヘビに噛まれた場合以外にはあまり使用されなくなった。しかし，これらの研究をもとに，特定のがん細胞や関節リュウマチに特異的な抗体を産生する細胞工学技術が発展し，画期的な抗体医薬の開発が行われている。

13.9　免疫と疾患

13.9.1　アレルギー

免疫は身体を守る重要なメカニズムであるが，時として身の回りにありふれている非自己に対して免疫反応が過剰に起こることで，生体にとって不利に働くような反応をアレルギーという。アレルギーの原因となる抗原をアレルゲンといい，スギ花粉やタマゴなどがよく知られている。アレルギーは粘膜の充血，かゆみ，くしゃみ，鼻水，下痢，嘔吐など様々な症状を引き起こすが，急性アレルギー反応をアナフィラキシーといい，重篤になると血圧低下や呼吸困難などの全身症状が出て，死に至るケースもある。

アレルギーには即時型アレルギー（Ⅰ型アレルギー）と遅延型アレルギー（Ⅳ型アレルギー）の2種類がよく知られている。即時型アレルギーでは体液性免疫が主役で，花粉などの抗原により活性化された形質細胞からIgEが産生される。この抗体はマスト細胞の表面に結合し，再び抗原が結合すると，マスト細胞からヒスタミンが分泌されて，くしゃみやかゆみなどのアレルギー反応を引き起こす。これに対し，遅延型アレルギーでは細胞性免疫が主役で，抗原を認識したヘルパーT_1細胞が記憶細胞（感作T細胞）となることから始まる。再び抗原が侵入すると感作T細胞から放出されるサイトカインにより，マクロファージ，好中球やキラーT細胞が活性化される。マクロファージや好中球では抗原を排除する過程において炎症が引き起こされ，発赤や水泡などのアレ

13.9 免疫と疾患 155

ルギー症状が出る。一方，キラー T 細胞ではウイルス感染細胞を攻撃する際に炎症が引き起こされる。

13.9.2 ヒト免疫不全ウイルス（HIV）の感染・発症メカニズム

ヒト免疫不全ウイルス（HIV）に感染し発症すると，後天性の免疫機能が極端に低下する。そのため，後天性免疫不全症候群（AIDS）とよばれ，様々な臨床症状を呈する。HIV は CD4 に結合してヘルパー T_2 細胞に特異的に感染するため，潜伏期間を経てヘルパー T_2 細胞が破壊されると，抗体が産生されなくなる（9章，9.3.2 項参照）。したがって，通常であれば重篤化しない細菌やウイルス，カビなどによる感染（日和見感染）を起こしやすくなる。HIV は感染者の血液や精液などに含まれ，感染者との性的接触や注射器の共用，輸血などによって感染が拡大することはあるが，ウイルスそのものの感染力は強くなく，普通の接触や空気を通しての感染は起こらない。HIV は RNA を遺伝子とするレトロウイルスの一種で，逆転写酵素により DNA 鎖をつくり，感染したヘルパー T_2 細胞の遺伝子の中に潜り込む。そのため，潜伏期間が十数年に及ぶこともある。現在，最も有効な治療法は HIV の増殖を抑える薬剤の投与で，AIDS の進行を大幅に抑えることに成功している。

演習問題：利根川進が抗体遺伝子の再編成を証明した実験の背景にある考えを簡潔に述べなさい。

コラム

腸内細菌叢と免疫機能

ヒトの腸内には 500〜1000 種類，総数 100 兆個，重量 1.5 kg にも及ぶ腸内細菌が共存しており，これらの腸内常在菌はヒトの腸管内をただ単に「間借りして」生きているのではなく，私たちの免疫機能に大きな影響を及ぼしていることが知られている。一方，免疫系は腸内細菌などの非自己に対して適切に制御されており，共生を可能にしている。この「寛容」に対する免疫応答のバランスが崩れ，弱すぎると免疫不全症となり，強すぎると自己免疫疾患やアレルギー疾患に陥る。

分娩前のヒト胎児は，腸内細菌をもっていないが，産道を通るときや授乳などによって，生後まもなく母親から腸内細菌を受け継ぐ。その後，食事や環境などの影響のもと成長していく過程で，次第にバランスがとれた腸内細菌叢を形成していく。最近の研究から，腸内細菌がこれまでの免疫系の理解に対して，それ以上に大きな影響を及ぼしている可能性が明らかになってきた。例えば，ビフィズス菌と同様の作用をもつ善玉菌を，妊娠中の母親に飲ませ，生まれてきた子どもにも生後 6 か月間飲ませたところ，小児のアレルギーの発症率が激減したことや，抗生物質を多用して腸内細菌のバランスを乱すとアレルギーになりやすいことなどがあげられる。

高度な嫌気性菌培養法により，腸内常在菌の純粋培養可能な菌株について，最新のシークエンサーを用いた 16S リボソーム RNA 遺伝子の解析から菌種の多様性がわかり，さらに，驚くべき腸内細菌叢の役割が次々と明らかにされてきた。2002 年には，約 30 種の既知クローンに加えて，新たに約 100 種のクローンが同定され，その後，自己免疫疾患，炎症性腸疾患，肥満，糖尿病，動脈硬化，がん，自閉症など，ヒトの様々な疾患の発症と腸内細菌叢のアンバランスとが密接に結びついていることがわかった。例えば，腸管免疫に関与する「パイエル板」には，制御性 T 細胞と IgA を産生する B 細胞が存在している。IgA は腸内細菌叢の調節にかかわるが，その分泌制御は制御性 T 細胞がろ胞性ヘルパー T 細胞に分化することにより，正負のバランスは保たれていることが 2009 年に明らかにされた。その後，ヘルパー T 細胞の免疫抑制受容体を欠損しているマウスでは，抗生物質によりその腸内常在菌の構成を変えてやると，悪玉菌が多くなり自己免疫疾患を引き起こすことが見いだされた。2014 年には，3 週齢のマウスに正常な腸内細菌叢をもつマウスの糞便を投与すると，異常なものと比較して，制御性 T 細胞と IgA のバランスがよく，腸内免疫は正常であることが示された。このように，腸内細菌叢と腸内免疫は互いに影響を及ぼし合っていることが明らかにされ，バランスのとれた腸内細菌叢を形成する細菌は，様々なやり方で消化管内の免疫細胞を「正しく教育」していると考えられる。したがって，食事など日常生活を見直して，腸内細菌叢のバランスを整えれば，消化管内の免疫系は適切に制御され，健康維持に繋がるだろう。

14 全地球的気候変動による生物多様性の危機

14.1 はじめに

20世紀後半から，人間の産業活動に伴う地球温暖化により，全地球的気候変動が生物をおびやかし始めている。本章では，気候変動の原因となる温室効果ガスや炭素循環などについてその内容を理解するとともに，生態系や生物の多様性に及ぼす影響についての知識を身につけ，どのようにすれば自然を再生できるか考えられるようにしたい。

14.2 気候変動と生命多様性の危機にかかわる科学史

14.2.1 人間の生活・産業活動と地球環境の悪化

18世紀後半から19世紀にかけてイギリスから始まった産業革命は，人類の環境汚染の歴史でもある。1872年には，マンチェスターのスモッグが酸性を帯びていることが初めて指摘され，その後，工場や車などから排出される排気ガスが，酸性雨の原因となることが示された（表14.1）。

〈人為的な気候変動についての環境啓蒙活動の努力〉
ノーベル平和賞（2007）
アルバート・ゴア（Gore, Jr., A. A., 1948-）
ゴアはハーバード大学の学生の頃，地球温暖化問題に関心をもち始めた。気候変動に関して，人為起源説に対する疑問が出される中，2006年制作のドキュメンタリー映画「不都合な真実」に出演し，地球温暖化に警鐘を鳴らした。2007年，気候変動に関する政府間パネル（Intergovernmental Panel on Climate Change: IPCC）とともにノーベル平和賞を受賞した。IPCCは，2007年の第4次報告書で人間活動が及ぼす温暖化への影響を非常に高いとしていた。2009年，ゴアは「私たちの選択」を出版し，環境温暖化防止のためのサミットの活動に基づき，具体的な解決策を唱えた。一方，IPCCは2013-2014年の第5次報告書で，人類がもたらす地球温暖化への影響は極めて高いと表現を強くした。

Keyword

環境汚染，フロン，オゾン層，オゾンホール，紫外線，持続可能な開発，グリーンケミストリー，地球温暖化，温室効果ガス，生態系サービス，生物多様性，ベースラインのシフト，生態系多様性，サンゴ白化現象，窒素酸化物，硫黄酸化物，光化学オキシダント，炭素循環，窒素循環，富栄養化，グリーンテクノロジー，遺伝的多様性，自然再生

1974年，成層圏におけるオゾン分解の原因が冷蔵庫用の冷媒やスプレー缶の噴霧剤などに使用されたガスであるクロロフルオロカーボン（フロン）類に由来することが報告された。さらに，忠鉢繁（Chubachi, S., 1948-）らにより，南極の成層圏のオゾン層の急速な減少とオゾンホールが発見された。成層圏にあるオゾン層は，地表に届く太陽光に含まれる紫外線を吸収する性質をもつ（14.5節参照）。紫外線は生物へ強く影響することから，1987年に「オゾン層を破壊する物質に関するモントリオール議定書」が採択されるに至った。

14.2.2　温室効果ガスと地球温暖化

環境と調和した開発が重要であるという国際的認識が高まったことから，国際連合に「環境と開発に関する世界委員会」が設置され，1987年の最終報告（ブルントラント報告書）「地球の未来を守るために」の中で，地球環境に関して論議されると同時に，持続可能な開発という概念が提唱された。持続可能な開発は，環境の持続と経済の持続の両立が必要であるとされ，議論が今も続いている。また，化学物質の製造および使用による環境の持続に対する懸念から，グリーンケミストリー（14.8節参照）を推進する提案がなされた。表14.1に示すように，IPCCは第5次報告書（2013-2014年）で，「人間の影響が20世紀半ば以降に観測された温暖化の支配的な要因であった可能性が極めて高い（95％以上）」と報告している。気候変動は地球温暖化の結果生じていると科学的に検証され，その要因となるものは主として二酸化炭素，メタン，亜酸化窒素などの温室効果ガスである。その地球温暖化係数は，二酸化炭素を1とすると，メタンは25，亜酸化窒素は298である。これらのガスは，「工業化以前

表14.1　気候変動と生命多様性の危機に関連する科学史

西暦	科学者	史実
1872	ロバート・スミス	論文「マンチェスターのスモッグ」で雨が酸性を帯びていることを指摘
1967	スバンテ・オーデン	酸性雨が遠方からの亜硫酸ガスと窒素化合物に起因することを解明
1974	シャーウッド・ローランド マリオ・モリナ パウル・クルッツェン	クロロフルオロカーボン類の成層圏での分解がオゾン分子を破壊すると報告
1983	忠鉢 繁	「極域気水圏シンポジウム」にて南極の成層圏オゾン量の急激な減少を報告
1987	グロ・ハーレム・ブルントラント	国際連合に設置された「環境と開発に関する世界委員会」の最終報告書「地球の未来を守るために」で持続可能な開発の概念を提唱
1998	ポール・アナスタス ジョン・ワーナー	「グリーンケミストリーの12箇条」を提唱
2013-2014	気候変動に関する政府間パネル（IPCC）	第5次報告書を提出。人間活動が及ぼす温暖化への影響を極めて高いと表現

の水準よりそれぞれ 40%, 150%, 20% 高い」と報告されている。このように，気候変動は人間の影響であることが科学的に明らかになってきた。

14.3 生態系への影響

地球上の生物は，生態系から食料や水，安定した環境などの恩恵を受け，多様性を保っている。この恩恵は生態系サービス（ecosystem services）と言われ（環境省　森林と生きる　2016），地球上の生物多様性の基盤となっている。現在進行している全地球的な気候変動は，地球上の自然を破壊し生態系に大きな影響を及ぼしている。

生態系の変化の物差しとして，ベースラインのシフト（shifting baseline）という考え方がある。これは，標準的と考えられることが時間とともに変化することを表している。具体的には，100 年前と現在では，地球環境が大きく変化し，自然の破壊とともに生態系に変動が生じたことから，100 年前と現在では，人間と自然とのかかわり方が大きく異なり，変化した結果が現在の基準となっていることを示している。このことは，先に書いた生態系サービスが変化することも意味し，恩恵を受ける生物の多様性も変化することを表している。

持続可能な開発，生態系サービス，ベースラインのシフトという概念は，現在の地球がおかれている状況と，それを解決する科学の方向性を考えるうえで重要なキーワードである。これらのキーワードのもと，現在，地球上の生態系多様性と生物多様性を脅かす気候変動について考えてみる。

14.4 気候変動の原因

地球のエネルギー収支を考えると，太陽からのエネルギーが大気・地表に吸収される量と，大気・地表による反射，大気・地表から宇宙に放射する量とのバランスがとれていれば，地球上の熱量は変わらないことになる。しかし，地球から放射された成分は大気中に吸収され，大気を構成する分子間の衝突が高まり熱を放出するので，大気は温まり，温室のような効果を表す（図 14.1）。しかし，温室効果を表すガスは大気中の主要な成分である窒素や酸素ではなく，二酸化炭素，メタン，亜酸化窒素といった大気中の微量成分である。

大気中の微量成分が温室効果を表すことから，微量成分の微量な変動が，気候変動に大きくかかわり，全地球的気候変動に繋がることになる。ここでは，その効果がどのように表れるかを考えてみる。先に述べた IPCC の第 5 次報告書によると，気温，海水温の上昇は明らかであるとされている。まず，海水温の気候変動への影響を考えてみる。

海水温が 1℃ 上昇すると地球全体の気候に大きな影響を及ぼすと言われている。気象庁のホームページには「全球で海面から 700 m の深さまでの海水が 1℃ 上昇することは，約 10^{24} J の熱が蓄積されたことに対応する」と記載されている。

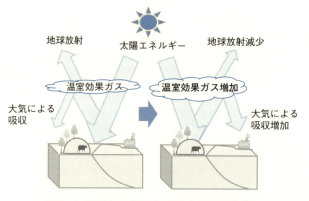

図 14.1 地球のエネルギー収支と温室効果ガス

図 14.2 サンゴの白化現象

エネルギー白書 2017（資源エネルギー庁）によると，日本での 2015 年の最終エネルギー消費は約 1.35×10^{19} J であることから，海水温が 1℃ 上昇して蓄えられるエネルギーは，日本のエネルギー消費量の 74 万年分である。この膨大なエネルギーの蓄積は，海水温と気温の上昇とともに，気象の極端現象の頻発をもたらすと考えられている。具体的には，今後は暑い日が増加し，大雨の頻度と強度が増加すると予想され，すでに様々な面で，地球上の気候に影響を出し始めている。また，海洋の二酸化炭素吸収量が増加していることから，海洋の pH が下がっていることが報告されている。海水温が上昇すると，サンゴと共生する褐虫藻が体外に抜け出してしまい，サンゴ白化現象が起こる（図 14.2）。

海水温の上昇による魚の生息地域の変化もすでに報告されている。また，気温の上昇は植物や昆虫など陸地の生物の生息領域を変化させる。一例として，マラリアやデング熱など蚊を媒介とする感染症は，地球温暖化と気候変動による影響を大きく受けると報告されていて，流行地域の近縁地域に流行域が拡大することが懸念されている。

生物は生命活動で増加した細胞内のエントロピーを外部に放出することで動的定常状態を保っている（5 章参照）。地球上の熱量が上昇することは，細胞外のエントロピーが増大することを意味し，それは，細胞の動的平衡状態を保つうえでの大きな障壁となる。

14.5 オゾン層

人間活動によって生じたオゾン層の破壊について考えてみる。成層圏では太陽光に含まれる 242 nm 以下の紫外線により酸素分子が解離して原子状となり，近傍の酸素分子と結合してオゾンが生成される。一方で，オゾンは太陽からの有害な 320 nm 以下の紫外線を吸収して分解するので，合成と分解の兼ね合いでオゾン層が形成される（図 14.3）。オゾン層は成層圏の大気を温めることで地球の気候の形成にも関与している。

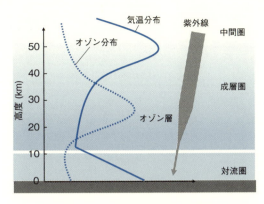

図 14.3　大気の構造とオゾン層

　火力発電所や車の排気ガスから生じる窒素酸化物のうち，温室効果ガスである亜酸化窒素（N_2O）は紫外線により一酸化窒素（NO）が生じて，成層圏のオゾン分解を引き起こす。また，化石燃料の燃焼や火山の噴火に伴うガス中の硫黄酸化物には硫酸エアゾルが多く，オゾンを分解する原因となる。一方，オゾンは地表近くの対流圏でも生成し，汚染された大気中で光化学反応の結果生じる光化学オキシダントの主成分である。強力な酸化作用をもつため，健康被害を引き起こす。

　成層圏にあるオゾン層が破壊されると，地表に届く紫外線量が増加することになる。紫外線の光子がもつエネルギーは強く，細胞核まで侵入すると，DNA鎖の隣り合う有機塩基がチミンの場合，チミンダイマーが生成する。この物質はDNA複製の妨げとなり，皮膚がんを引き起こしかねない。細胞内にはDNA鎖の損傷を修復する酵素があり，その周辺を切断し修復することができる（4章，10章参照）。しかし，損傷箇所が多すぎると，修復が追い付かずに様々な障害が起きる。オゾン層の破壊が明らかになった頃から，重要な問題として国連で議論され，1987年に，「オゾン層を破壊する物質に関するモントリオール議定書」が締結され，オゾン層破壊に関与するとして，フロン類の使用は規制された。この世界的合意は非常に迅速になされた。オゾンホールの年最大面積の経年変化は気象庁のホームページで見ることができる。

14.6　炭素循環

　細胞重量の60〜70％は水分であるが，残りの30〜40％は，タンパク質，核酸，多糖類，脂質などの炭素を含む有機物である。微生物細胞では，乾燥重量のうち炭素は約50％を占めている。体重70kgのヒトでは，12.6kgが炭素と計算されている。私たちの体を構成する炭素の供給源である大気中の二酸化炭素は，体積比で0.04％であり，大気中の割合は非常に少ないことがわかる。しかし，産業革命により工業化が進み，二酸化炭素の排出量が増加することにより，全世界的気候変動が生じ始めた。炭素循環を考えるうえで，二酸化炭素の

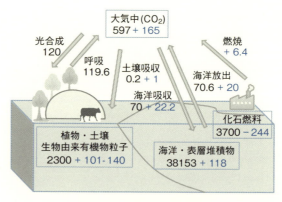

図 14.4　地球上の炭素循環

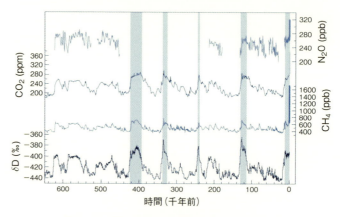

図 14.5　氷期－間氷期の南極の氷床コアデータ

排出と光合成による固定，海洋による吸収，化石燃料の燃焼から生じる二酸化炭素のバランスを考えることは重要である（図 14.4）。

　産業革命以前は，化石燃料の燃焼は少なかったことから，工業化以降増加したのはこの部分になる。図 14.4 で重要なのは，化石燃料と生物由来有機物粒子は，人間が使用したことによる減少を示し，大気中，土壌，海洋の二酸化炭素量は増加しているということである。2007 年の IPCC 報告書に掲載された南極の氷床に閉じ込められた温室効果ガス濃度の変動に関するデータによると，過去 65 万年の期間において，産業革命以降では，重水素濃度の変動に比べ，二酸化炭素やメタンなどの大気中濃度の上昇は極めて大きいことがわかる（図 14.5）。

14.7　窒素循環

　生命にとって窒素はなくてはならないものである。窒素はタンパク質を構成するアミノ酸の成分である。大気中の窒素は体積比 78% を占めるが，窒素ガ

14.7 窒素循環

スは不活性であることから，生物が利用できる形に変換しなければならない。特に農業では，窒素肥料の供給が必要であり，作物の生産に必須である。

地球上では窒素の循環が起こっており，大気中の窒素ガスは以下に示す3つの経路で変換され，生物に利用されている。まず，窒素固定能をもつ根粒菌や窒素固定菌によりアンモニアに還元される。微生物による窒素固定量は陸地と海洋合わせて 176×10^9 kg/year であり，地球上の窒素固定の 52% を占める。次に，人為起源の工業的窒素固定がある。20世紀初めにハーバーボッシュ法が開発され，農業で必須な窒素肥料の生産が可能となった。その量は 156×10^9 kg/year と地球上の窒素固定の 46% である。さらに，空中放電による窒素酸化物（NOx）の生成がある。その量は 5×10^9 kg/year であり，地球上の窒素固定の約 2% である。

微生物による窒素循環を図 14.6 に示す。窒素固定菌による窒素からアンモニアへの還元は，触媒する酵素であるニトロゲナーゼによって行われる。生成したアンモニアの一部は植物に吸収されるが，残りは硝化菌によって亜硝酸イオンを経て硝酸イオンに変換される。硝酸イオンは植物に吸収され窒素源となる。しかし，硝酸還元酵素によって硝酸が還元されて亜硝酸になると，脱窒菌によって N_2 まで還元され，大気中に帰ってしまう。また，その途中で亜酸化窒素（N_2O）が生成する反応があり，亜酸化窒素は地球温暖化効果が二酸化炭素の 298 倍であることから，地球温暖化に影響している。特に，農地に散布される肥料からの亜酸化窒素生成は，地球温暖化に関与しているといわれている。マメ科の植物の根に生息する根粒菌は，窒素固定をして植物に供給すると同時に脱窒も行い，亜酸化窒素を生成することが最近報告されている。

現代の農業は，大量の窒素，リン，カリウムを肥料として与えることで成立している。これは，1940 年代から 1960 年代に起こった「緑の革命」の結果である。緑の革命では，穀物を育種して品種改良することにより，開発途上国に

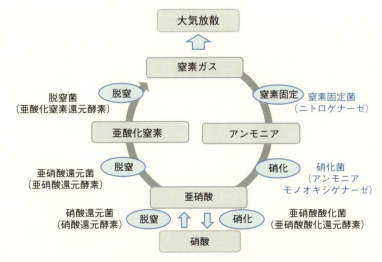

図 14.6　微生物による窒素循環

おける生産量が飛躍的に増加した。しかし、化学肥料の大量投入が必須であり、農耕地から流亡した肥料が湖沼を汚染する富栄養化が発生し、環境汚染も問題となるなど、持続可能性が問われている。

14.8　グリーンケミストリーの 12 原則

1998 年にアナスタス（Anastas, P. T., 1962–）はワーナー（Warner, J. C.）との共著「グリーンケミストリー：理論と実践」の中で、グリーンケミストリーの原則として、12 項目を提唱した。

グリーンケミストリーの 12 原則
(1)　防止：廃棄物はつくってから処理するのではなく出さない。
(2)　原子の経済性：合成プロセスに用いた原料は無駄なく最終産物になるように合成プロセスをデザインする。
(3)　毒性の少ない化学合成：実行可能な限り合成プロセスはヒトの健康と環境に限りなく低い毒性をもつ原料を用い生成物をつくるようにデザインする。
(4)　より安全な化学物質のデザイン：化合物は望む機能をもつものなら毒性を最小限にするようにデザインする。
(5)　最少量の溶媒と補助剤：溶媒や分離剤などの使用はできれば不要にするもしくは無害のものを使用する。
(6)　エネルギー効率のデザイン：化学プロセスのエネルギー投入量は環境と経済性に配慮し、最小限とする。可能なら合成法は常温常圧で行う
(7)　再生可能な原料の使用：技術的、経済的に実現可能なら原料は枯渇性資源ではなく再生可能な資源とする。
(8)　誘導体の最小化：保護基の使用、仮修飾などの不必要な修飾反応は最小限にする。なぜなら、その過程は試薬の追加と廃棄物を出す可能性がある。
(9)　触媒：特異性が優れた触媒は化学量論的反応性が優れている。
(10)　分解性のデザイン：化学物質はその最終的機能として無害な分解産物となり、環境に残留しないようにデザインされなければならない。
(11)　汚染防止のリアルタイム計測：有害成分の形成前にコントロールするため、リアルタイムでプロセス内のモニター可能な解析方法が今後開発されるべきである。
(12)　事故防止のための本質的安全化学：化学プロセスで用いる物質とその状態は、放出、爆発、火災を含む化学事故の可能性を最小限にするものを選択する。

この 12 項目は、グリーンテクノロジー（Green technology）の中の化学物質生産プロセスからの環境汚染物質の排出を防止する、グリーンケミストリーの

基本的考え方を定義したものである。グリーンテクノロジーという用語は1990年頃から使われてきたが，自然環境や資源を維持するため，環境科学やグリーンケミストリーを適用したもので，全世界で一般化して今日に至っている。この12原則の基本精神は，環境との共生であり，グリーンテクノロジーが目指す，持続可能な開発を目指した省資源・省エネルギー型技術のもとになる考え方である。

14.9　持続可能な未来のための生物学

　国際連合食糧農業機関（FAO）のデータによると，ブラジルにおいて2010～2015年の間に森林伐採により失われた森林面積は年間約98億 m^2 である。これは四国の半分より大きい面積である。世界全体では年間約330億 m^2 であり，これは日本の国土の面積の約87％である。

　開墾した土地に穀物を栽培しても，もとの二酸化炭素吸収能力の80％が失われるとされている。そのことは，温室効果ガスである二酸化炭素の吸収力が低下することを示している。先に述べたように，地球温暖化により，気温，海水温が上昇すると，全地球規模の気候変動が発生し，生態系破壊による生態系サービスの低下が生じる。生態系は，地球上の生物が共存する環境を提供しているが，それが低下することは，変動に適応できない生物は滅亡することを意味している。地球上の生物は，**遺伝的多様性**を維持しながら進化してきた。遺伝子の多様性は，変化する環境への適応能力を維持するうえでとても重要である。生態系サービスが低下して遺伝的多様性が低下すると，ベースラインがシフトし，環境適応能力はさらに低くなる。そのため，環境の維持が難しくなり，持続可能な開発は不可能になる。

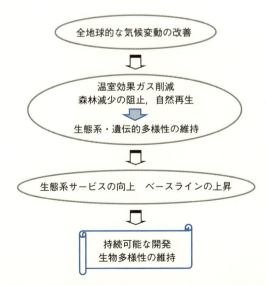

図 14.7　持続可能な開発と生物多様性の維持に向けた戦略

持続可能な開発を維持するには，生態系サービスの低下を食い止め，ベースラインを上昇させる必要がある（図14.7）。これには，地球温暖化を防いで，全地球的な気候変動を改善することが必要である。それには，温室効果ガスの発生を削減し，森林の減少を食い止めるとともに，自然再生が必要とされる。

演習問題：地球温暖化の分子メカニズムを簡潔に説明しなさい。

コラム

生物多様性の価値

　生命が誕生して約38億年の歴史の中で，地球上にはこれまでの様々な環境に適応して進化した3000万種ともいわれる多様な生物が生息し，これらが様々なかかわり合いをもっている。1992年，ブラジルで開催された地球サミット「環境と開発に関する国際連合会議」で，生物多様性は「生態系」,「種」,「遺伝子」の3つの多様性と定義された。生態系の多様性とは山岳，森林，草原，河川，湿原，海，干潟，サンゴ礁などの様々なタイプの自然環境があること，種の多様性とは動物，植物，菌類など様々な種類の生物が存在すること，遺伝子の多様性とは1つの種において遺伝子のDNA配列の差異による豊富な形態があることを意味している。

　生態系多様性の中で，森林や海は地球の気候を安定させる大きな役割を果たしている。また，マングローブの林やサンゴ礁は大地震により発生した津波のエネルギーを吸収し，人間社会における被害を軽減する役割を果たしたことが知られている。これらの例のように生態系が人類にもたらす恩恵を「生態系サービス」といい，国際自然保護連合 (International Union for Conservation of Nature and Natural Resources: IUCN) は，1年あたりの経済的価値は33兆ドルになると試算している。2016年の世界全体のGNPが約75兆ドルであることを考えると，人類は生態系から多大な恩恵を受けていることがわかる。種の多様性では，5～7万種の植物から得られた物質が医薬品の成分として用いられ，人類の医療を支えている。例えば，2007年に発表された世界規模地球環境概況第4版 (Global Environment Outlook 4: GEO-4) は，海生生物から抽出された成分を用いた抗がん剤にて，年間約10億ドルの利益を生み出すほど有効に利用されたと報告している。

　生物多様性の重要性を考えるとき，上記のような人類にとって経済的価値があるという視点で生態系サービスとして考えがちである。1992年5月，国際環境計画 (UNEP) が準備した「生物の多様性に関する条約」はケニアのナイロビで採択された。原案には「人類が他の生物とともに地球を分かち合っていることを認め，それらの生物が人類に対する利益とは関係なく存在していることを受け入れる」の1条があった。採択時には削除されたが，人類は地球上の生命の一員であることを如実に示したものである。

15 生物から学ぶバイオミメティックス

15.1 はじめに

バイオミメティックス（biomimetics）は生物の体の仕組みや産生される物質の構造を解明し，工学的に模倣する技術をさす。1935年に開発されたナイロン6,6は，アミノ基とカルボキシ基を有する低分子有機化合物からアミド結合（-CO-NH-，アミノ酸の場合はペプチド結合）により合成された人工繊維で，カイコがつくる絹糸のポリペプチド鎖の構造を模倣したといわれている。女性用ストッキングとして初めて使われ，「鋼鉄よりも強く，クモの糸より細い」というキャッチフレーズが用いられていた。本章では，バイオミメティックスの観点から考え出され，商品化されたものを取り上げ紹介する。生物進化の過

〈個体的および社会的行動様式の組織化と誘発についての発見〉

ノーベル生理学・医学賞（1973）

カール・フォン・フリッシュ（von Frisch, K., 1886-1982）

オーストリア生まれの動物学者，フリッシュは，ミツバチが巣と採蜜源の花の在りかを「ミツバチダンス」により仲間に教えている現象に興味を抱いた。そして，粘り強い観察と実験により，餌場までの距離と方向をどのようにして知覚しているか，そのメカニズムを解明した。具体的に説明すると，ミツバチは3種類の情報，太陽の位置，青空の偏光パターン，地磁気を「コンパス」として利用していることを突き止めた。曇りの日でも，ミツバチはダンスをして仲間に蜜がとれる花の場所を教えているが，これは偏光を認知できる複眼の構造と機能に由来している。ミツバチの複眼は多数の個眼からなり，各個眼には，8個の視細胞が存在し，そのうち6個は偏光を見分ける機能を有している。個眼は3組の視細胞がペアになっており，それぞれ特定方向の偏光を感知することができる。太陽が雲に隠れていても，ミツバチは偏光パターンを認識してナビゲーションしており，餌場までの距離に応じて「円ダンス」と「尻振りダンス」を切り替え，回数も変化させ，太陽に対するダンスの角度で方向を伝えている。昆虫の複眼の機能を小型センサーとして搭載した歩行型と飛翔型のロボットが開発されている。自身の移動方向と速度，並びに，目的物までの距離を常時計測して，自律的な移動なできる自動操縦装置として注目されている。

Keyword

バイオミメティックス，ナイロン，シュミット・トリガー回路，面ファスナー，生体模倣化学，材料科学，ロータス効果，色素増感太陽電池，モスアイ構造，リブレット構造，走査型電子顕微鏡

程で生み出された巧妙な「絡繰り」に気づき，どのようにして模倣したのか，実例を踏まえて理解することを目的とする。

15.2 バイオミメティックスにかかわる科学史

生物を観察してその仕組みを学び，新しい素材や機器を造り，機械を設計することは，古くから行われていた。例えば，レオナルド・ダ・ヴィンチの「鳥の飛翔に関する手稿」では，鳥の翼と空気抵抗，風，気流についての考察をもとに，鳥の飛翔に関する力学構造を分析し，それを再現する方法に基づいて，飛行機械の設計図が描かれている。

15.2.1 オットー・シュミットによるバイオミメティックスの提唱

バイオミメティックスという概念は，ノイズ除去用電気回路として知られているシュミット・トリガー回路を発明したシュミット（Schmitt, O., 1913-1998）により，1950年代に提唱された（表15.1）。

シュミットはワシントン大学の神経生理学者で，ヤリイカの巨大軸索における神経インパルス（12章参照）の発生メカニズムを研究していた。軸索の細胞膜は刺激（膜電位）がある強さ（閾値，threshold）を超えるまでは興奮（神経インパルスを発生）しない。しかし，膜電位が閾値を超えれば軸索内への Na^+ 流入は自律的に増強し，神経インパルスが発生する。一方，いったん興奮が起これば，膜電位が閾値を超えていても，しばらく Na^+ 流入は起こらない「不応期」がある。シュミットはこの現象に着目し，神経インパルス発生メカニズムには自律増強性と安定性の両方を兼ね備えた「電圧比較回路」であることを見

表15.1 バイオミメティックスに関連する科学史

西暦	科学者	史実
1934	オットー・シュミット	イカ巨大神経軸索の研究からシュミット・トリガー回路を発明，「バイオミメティックス」の概念を提唱
1935	ウォーレス・ヒューム・カロザース	アミド結合（-CO-NH-）により高分子化した人口繊維ナイロンを発明
1955	ジョルジュ・デ・メストラル	オナモミの種による動物の毛への付着からヒントを得て，面状ファスナー（マジックテープ）を発明
1977	国武豊喜	ジアルキルアンモニウム塩を用いた人工脂質二分子膜形成に成功
1981	ハーバート・ウェート	イガイの足糸先端の接着円盤にある粘着性の塩基性タンパク質を発見
1998	ヴィルヘルム・バートロット	蓮の葉の超撥水性の現象を解明し，「ロータス効果」と命名
2000	ロバート・フル	ヤモリの足の指先にある剛毛の構造を分析し，接着性メカニズムを解明

15.3 様々な分野で発展したバイオミメティックス

抜いた。すなわち，この回路は刺激がないときには出力信号として V_L が設定してある。刺激である入力信号が一定の電位，閾値 Th_1 を超えると出力信号を V_H に切り替え，同時に，閾値を Th_1 より低い Th_2 に設定しなおす。すると，入力信号が「チャタリング」という現象により Th_1 付近で上下しても，出力信号は V_L に戻らず V_H を維持する。そして，入力信号が Th_2 以下になったときにのみ，出力信号は V_L に戻る。シュミット・トリガー回路ではこのような2つの閾値を組み合わせることにより，軸索での神経インパルス発生現象をうまく再現している（図15.1）。この回路が発明されていなければ，コンピュータのキーボードのキーを押さえたとき，マウスをクリックしたとき，あるいは，タッチパネルに触れたとき，入力信号に発生するチャタリングによりコンピュータの電子回路にノイズが入り，うまく作動しないことがわかっている。

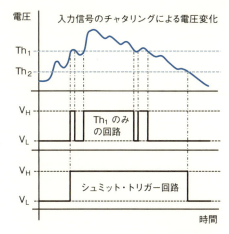

図 15.1 シュミット・トリガー回路の特徴

15.2.2 バイオミメティックス黎明期の発明

バイオミメティックスの黎明期には，カロザース（Carothers, W. H., 1896-1937）によるナイロンの発明やデ・メストラル（de Mestral, G., 1907-1990）による面ファスナー（マジックテープ，日本での商標）の発明などがよく知られている（図15.2）。

1970年後半になると，生化学や細胞生物学分野の発展により，分子レベルで解明されたタンパク質や生体膜の機能を応用する生体模倣化学が盛んになった。その後，生体膜を模倣した人工脂質二分子膜の発明や海中でも岩に付着できるイガイの接着タンパク質の構造解析，光合成における光吸収ステップを模倣した色素増感太陽電池の開発などが行われた。

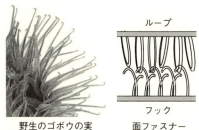

図 15.2 ゴボウの実と面ファスナー

15.2.3 材料化学とバイオミメティックス

近年，走査型電子顕微鏡を用いた構造解析から明らかにされた，蛾の複眼，モルフォチョウの羽，キリギリスの脚などの微細構造を模倣して，材料科学分野では新しい素材が開発された。21世紀に入り，長い進化の過程を経て生物が造り出した多様な「形質」は次々と解明され，人間社会の叡智とを組み合わせた技術革新は，さらに進展している。

15.3 様々な分野で発展したバイオミメティックス

15.3.1 生体膜の構造を模倣した人工脂質二分子膜の応用

生物の基本単位は細胞で，リン脂質二重層からなる細胞膜により外界から隔てられている（2章，2.3.1項参照）。リン脂質は両親媒性の有機分子で，1分子

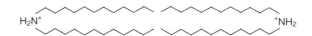

図 15.3　人工脂質二分子膜におけるジアルキルアンモニウムの配置

内の 2 本の脂肪酸が細胞膜の内側に向き，疎水的な相互作用により二分子膜を形成している．1977 年，国武豊喜（Kunitake, T., 1936-）はジアルキルアンモニウム塩を用いて，世界初の人工脂質二分子膜形成に成功した（図 15.3）．

現在では，十分な強度を有する無機・有機ハイブリッドナノ薄膜が合成され，臨床検査用イオンセンサーや味覚センサーとして利用されている．

15.3.2　イガイの接着タンパク質と医学への応用

図 15.4　イガイの足糸

海水が流れている磯の岩に，イガイは多数の足糸で付着することができる．この他，水中において，ガラス，プラスチック，金属，木材だけでなく，化学接着剤が苦手とするテフロンやポリプロピレンにも，2～3 分経てば接着できる（図 15.4）．

1981 年，アメリカの生化学者ウェート（Waite, J. H.）は，欧州に生息するイガイ（*Mytilus edulis*）の足糸先端の接着円盤に含まれる粘着物質の成分を同定し，ヒドロキシプロリン（Hyp）と L-ドーパ（Dopa）を多く含む塩基性タンパク質を発見した．1983 年には，イガイ接着タンパク質（mussel adhesion protein: MAP）を単離し，アミノ酸配列を分析して，ヒドロキシ基を多く含む 10 アミノ酸（後に 16 アミノ酸に訂正）からなるペプチドの 75 回繰返し構造を有するポリフェノールタンパク質であることを明らかにした（図 15.5）．

Ala-Lys-Pro-Ser-Tyr-Hyp-Hyp-Thr-Dopa-Lys-Ala-Lys-Pro-Thr-Dopa-Lys

図 15.5　イガイ接着タンパク質中の繰返し配列

MAP（この種の接着タンパク質の命名法が統一され，現在では mpfp-1 とよばれている）は毒性も低く，濡れている生体組織を接着させることが可能で，手術や医療材料用の接着剤としての利用が考えられている．

15.3.3　蓮の葉の超撥水性とヨーグルト瓶のアルミニウムの蓋

ボン大学の植物学者，バートロット（Barthlott, W. B., 1946-）は蓮の葉の表面

図 15.6　蓮の葉のロータス効果とその表面構造

15.3　様々な分野で発展したバイオミメティックス

にある大きな水滴に興味をもち，その表面にはマイクロメーター間隔で凸凹の
微細構造があり，ワックス状の分泌物質との相乗効果で「超撥水性」を示すこ
とを明らかにした（図 15.6）。蓮の葉はこの水滴により泥がつかず自浄機能を
有している。ボン大学はロータス効果という登録商標のもと自己洗浄効果を有
する塗料を開発した。

　壁のブロックに塗るとその表面には無数の微細な突起ができ，生じた撥水性
により汚れがつきにくくなった。日本では，生物学，材料化学，表面科学の分
野の連携により，新しい機能材料として，ヨーグルト製品の蓋の裏側に応用さ
れ，トーヤルロータスという撥水性のアルミ製包装材が開発された。

15.3.4　クロロフィルと色素増感太陽電池

　スイスの化学者，グレッツェル（Grätzel, M., 1944-）は色素増感太陽電池の
発明者として知られている。従来，太陽電池は原理的には酸化亜鉛など金属酸
化物を用いた電子と電子ホールの分離による起電力を得る湿式太陽電池として
知られていた。1991 年にグレッツェルにより，植物の光合成におけるクロロ
フィルの役割に注目し，二酸化チタン微粒子の表面にルテニウム金属錯体の色
素を吸着させると，起電力が飛躍的に上昇することを見いだした（図 15.7）。
現在も，シリコン型太陽電池に替わる実用的な低コスト太陽電池として，太陽
光による劣化が少なく，起電力の大きい金属錯体からなる色素増感太陽電池の
研究が続けられている。2016 年 2 月，グレッツェルのチームは色素増感太陽
電池において最高記録となる 15 % のエネルギー変換効率を達成している。

15.3.5　ヤモリ足指先の枝毛のスパチュラ構造と粘着剤フリーの接着テープ

　ヤモリは垂直な滑りやすい壁でも素早く登っていくことができる。バークレ
ー大学の比較生体力学・生理学分野で活躍しているフル（Full, R. J.）は，ヤモ
リのこの特殊能力に着目し，その足の裏の構造を走査型電子顕微鏡にて詳しく
分析した。ヤモリの足の裏には，指先に対し垂直方向に縞状の凹凸構造があ

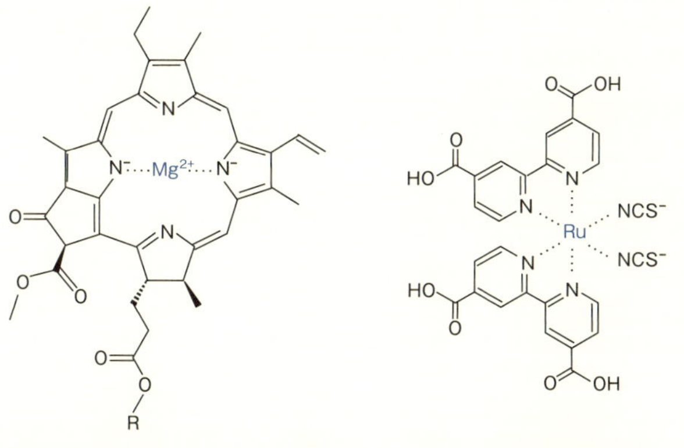

クロロフィルのテトラピロール環
（クロリン）

ルテニウム金属錯体 N-3

図 15.7　クロリンとルテニウム金属錯体の構造

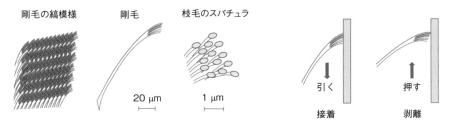

図15.8 ヤモリの足裏の指先にある剛毛と枝毛のスパチュラ　　図15.9 剛毛の接着と剥離

り，その凹内部に1脚あたり約50万本の剛毛が密に生えている。剛毛は長くても130μmほどで，太さは私たちの毛髪の1/10ぐらいである。剛毛の先には直径約200nmのケラチンからなる枝毛が数百あり，その先端にはヘラ状のスパチュラ（spatula）とよばれる構造がある（図15.8）。

メムス[†]（micro electro mechanical system: MEMS）センサーを用いて，電子顕微鏡下で1本の剛毛の接着力を測定したところ，ヤモリの体重から予測されていた値の約10倍あった。このことから，枝毛先端のスパチュラと壁面との間にファンデルワールス力（1章，1.3.1項参照）が働き，接着に関与していることが示唆された。このような剛毛の階層構造と先端のスパチュラの配置から，ヤモリが足をおくときには先行して荷重がかかり，測定値の約600倍の強力な接着力が生み出されることが明らかにされた。一方，ヤモリは移動するときにつま先を伸ばす奇妙なしぐさをするが，これはスパチュラと壁面との角度が臨界点を超えるのに必要な動作で，はがす力は少なくてすむこともわかった（図15.9）。

2000年，フルのグループは枝毛のスパチュラ効果を *Nature* に発表した。2003年には，ヤモリの枝毛の微細構造を模倣した粘着剤フリーの接着テープが開発された。一方，スタンホード大学では監視用のヤモリ型ロボットの開発が進められている。

15.3.6 「生物のかたち」を模倣した最近の話題
(1) 蛾の複眼のモスアイ構造をもつ液晶ディスプレイ用無反射フィルム

昆虫の複眼はその形状から広範囲の角度の光を取り入れることができる。そのため，複眼表面は光反射の影響を受けやすい形をしている。そこで，蛾の複

図15.10 蛾の複眼のモスアイ構造

[†] メムス：微細加工技術によりセンサーなどの様々な機能を集積した，電子回路と機械構造を含む微小装置。

15.3 様々な分野で発展したバイオミメティックス

眼を構成する個眼の表面を走査電子顕微鏡で解析したところ，図 15.10 に示すように，個眼表面には数 100 nm の釣り鐘状の微細突起が隙間なく集まった構造をしていることが明らかとなった。

突起の断面積は先端から下に向かって，緩やかに大きくなっていくため，突起の間に入っていく光はその表面で全反射し，そのすべてが個眼に吸収される。これは，集光するには都合のいい形態をしている。そのため，外から見た蛾の複眼表面は無反射性で，モスアイ構造とよばれている。この構造を模倣した発明品の 1 つに，液晶ディスプレイ用の無反射フィルムがある。

(2) カワセミのくちばしの形状と 500 系新幹線の先端

カワセミは水辺に生息している小鳥で，長いくちばしが特徴である。魚や水生昆虫を捕るとき，石や木の枝などから猛スピードで舞い降り，水しぶきもほとんど上げず水中に飛び込むことができる。空気中と比べ水の抵抗は千倍ほどあるが，鮮やかな飛び込みを可能にしているのは，カワセミのくちばしの形である。

1997 年 3 月 500 系新幹線は営業運転で初めて時速 300 km を超えた車両として知られている (図 15.11)。それまでの新幹線の車両では，高速でトンネルに入るとき，空気が圧縮され騒音が発生する「トンネル微気圧波」問題があった。そこで，カワセミのくちばしを模倣して先頭車両の模型をつくり，航空宇宙技術研究所で空気の流れを解析した。

この他，500 系新幹線では，パンタグラフによる騒音問題を解決するために，フクロウの風切羽にある小さな突起による凸凹構造をヒントにして，その支柱に細かな凹凸をつけた。その結果，風切りの騒音は 30% ほど減少した。また，車体の軽量化と客室の防音をかねて，ミツバチの巣のハニカム構造をもつアルミパネルを用いている。

(3) サメの鱗の V 字溝をまねた競泳着

サメの鱗 (うろこ) 1 つ 1 つには小さな V 字状の溝があり，全体としては一方向に細かい溝ができている。この溝によりその内部に小さな縦渦が生じて，サメが速く泳ぐときに体表面に発生する乱流を抑えることができる。平らな表面だと，水中で発生する乱流による渦巻きどうしがぶつかり，抵抗が大きくなる。一方，泳ぐ向きに 0.1 mm 程度の間隔で V 字溝があれば，渦巻きはぶつからず，抵抗が小さくなる。この V 字溝はリブレット構造とよばれ，2000 年のシドニーオリンピックで，全身をすっぽりと覆う水着「ファーストスキン」を

図 15.11　カワセミと 500 系新幹線

図 15.12　鱗柄の撥水プリント

身につけた選手により注目されるようになった。この水着は NASA やサメの著明な研究者などを中心として開発された。ファーストスキンの生地（ポリエステル繊維とポリウレタン線維を交編）には，サメ肌のように図 15.12 に示す鱗状の撥水プリント（深さ 0.1 mm，幅 0.5 mm の溝が 1.0 mm の間隔で並ぶ）が施されている。男女とも約 6 割選手が着用し，12 の世界新記録を生み出した。

2008 年，北京オリンピックの水泳競技では 17 の世界新のうち 16 が「レーザー・レーサー」とよばれるさらに進化した水着により樹立された。この水着には縫い目がなく，ナイロン繊維の素材に撥水性のプロウレタン薄膜を接着し，選手の筋肉の凹凸を減らすことで水の抵抗を減らしている。しかし，このサメ肌水着は 2010 年から国際大会での着用が禁止され，この間に樹立された世界記録は「高速水着時代の記録」として取り扱われている。

演習問題：生物の仕組みを模倣し，技術に応用された最近の実例を調べて，簡潔にまとめなさい。

コラム

脳型チップ TrueNorth を搭載したコンピュータ

IBM とコーネル大学は脳のニューロンとシナプスを模倣したコンピュータチップ SyNAPSE（シナプス）を開発し，最終的に TrueNorth と名づけて，2014 年 8 月に発表した。この TrueNorth コンピュータは従来のノイマン型コンピュータと比べて省エネルギーで計算できるようになっている。これまでのコンピュータは基本的にジョン・フォン・ノイマン（von Neumann, J., 1903-1957）の理論に基づき設計されている。制御装置，演算装置，記憶装置，および，これらを繋ぎデータ交換するための「バス」とよばれる通信路で構成されている。そのため，演算装置と記憶装置の間でデータの移動が必須で，データが膨大になると，その移動がボトルネックになることがわかっている。ヒト脳のニューロン 1 つには平均して 1000 のシナプスがあるとされているが，TrueNorth では，脳型チップあたり，100 万のニューロンと 2 億 5600 万のシナプスで構成されている。実際に処理を行う「コア」の数は 4096（64×64）あり，「昆虫の脳」に匹敵すると考えられている。最近の高性能パソコンでは，CPU が「オクタコア」のものが登場しているが，その差は歴然である。TrueNorth で使われている集積回路（IC）は 28nm のもので，54 億個のトランジスタを含み，消費電力は 70mW である。さらに，脳型チップは非同期式回路でクロック信号はいらず，必要な箇所だけ作動すればよいので，とても省エネ化されている。

TrueNorth を 16 個連結させれば，「カエルの脳」に相当するといわれていたが，1 年後には，48 個を連結して 4800 万のニューロンと 122 億 8800 万のシナプスがある「ネズミの脳」まで進化させた。TrueNorth コンピュータでディープラーニング（ニューラルネットワークを用いた機械学習法）のプログラムを実行させ，画像認識や言語処理などを高速かつ省エネで実行できると期待されている。

文　　献

■ 参考文献

Anastas, P. T., Warner, J. C., Green Chemistry: Theory and Principle. Oxford University Press, New York, 1998, p. 30.

北野宏明・竹内薫 共著，したたかな生命，ダイヤモンド社，2007.

シュレーディンガー，E. 著，岡小天・鎮目恭夫 共訳，生命とは何か：物理学者のみた生細胞，岩波書店，1951.

ノーベル生理学・医学賞：
　　https://www.nobelprize.org/nobel_prizes/medicine/laureates/index.html
ノーベル化学賞：
　　https://www.nobelprize.org/nobel_prizes/chemistry/laureates/
ノーベル平和賞：
　　https://www.nobelprize.org/nobel_prizes/peace/laureates/
経済産業省 資源エネルギー庁「エネルギー白書 2017」
　　http://www.enecho.meti.go.jp/about/whitepaper/2017pdf/
国土交通省 気象庁「南極オゾンホールの年最大面積の経年変化」
　　http://www.data.jma.go.jp/gmd/env/ozonehp/link_hole_areamax.html

■ 引用文献

図 2.2：ロバート・フックより引用（https://ja.wikipedia.org/wiki/）.
　　アントニ・ファン・レーウェンフックより引用（https://ja.wikipedia.org/wiki/）.
図 2.5：中村桂子・松原謙一 監訳，Essential 細胞生物学（原書第 4 版），南江堂，2016 より改変.
図 2.6：京都大学大学院農学研究科応用生命科学専攻 制御発酵学分野より引用
　　（http://www.seigyo.kais.kyotou.ac.jp/english/research-projects/）.
図 3.5：有機化学美術館「タンパク質の話（5）─タンパク質の折り畳み」より引用
　　（http://www.org-chem.org/yuuki/protein/2ndstructure.html）.
図 3.7：気になる科学探検隊「プリオン病：死の病原体の足取りを追え」より引用
　　（http://www.s-graphics.co.jp/tankentai/news/prion.htm）.
図 6.1：日本の研究 .com「植物の新たなオートファジー経路─壊れた葉緑体を取り除くオートファジー経路「クロロファジー」の発見」より引用（https://research-er.jp/articles/view/54861）.
図 9.1：Cannon, W. B., The Wisdom of the Body, W. W. Norton and Company, 1963 より改変.
図 10.1：ヴァルター・フレミングより引用（https://ja.wikipedia.org/wiki/）.
図 14.1：国土交通省 気象庁「海洋に蓄積された熱量の計算方法」より引用
　　（http://www.data.jma.go.jp/kaiyou/db/mar_env/knowledge/ohc/ohc_calculation.html）.
図 14.2：国立環境研究所「サンゴ礁を守り，再生するために」より引用
　　（http://www.nies.go.jp/kanko/kankyogi/53/04-09.html）.
図 14.3：国土交通省 気象庁「オゾン層とは」より改変
　　（http://www.data.jma.go.jp/gmd/env/ozonehp/3-10ozone.html）.
図 14.5：環境省「IPCC 第 4 次評価報告書について」より改変
　　（http://www.env.go.jp/earth/ipcc/4th_rep.html）.

索　引

■人名

アナスタス（Anastas, P. T.）　164
アーバー（Arber, W.）　86
アルトマン（Altman, S.）　1, 5
アンフィンゼン（Anfinsen, Jr. C. B.）　30
今中忠行（Imanaka, T.）　61
ヴァルデヤー（von Waldeyer, W）　112
ウィーナー（Wiener, N.）　102
ウィルキンス（Wilkins, M. H. F.）　25
ヴィルシュテッター（Willstätter, R. M.）　64
ウイルソン（Wilson, A. C.）　84
ウイルヒョー（Virchow, R. L. K）　17
ウィルムット（Wilmut, I.）　96
ウェート（Waite, J. H.）　170
ウォーカー（Walker, I. E.）　72
エイブリー（Avery, O. T.）　28
エクレス（Eccles, J. C.）　133
エディ（Eddy, B.）　112
大隅良典（Ohsumi, Y.）　14
オパーリン（Oparin, A. I.）　2
オールド（Old, L. J.）　112
貝沼圭二（Kainuma, K.）　27
カヴェントゥ（Caventou, J. B.）　64
加藤容子（Kato, Y.）　96
ガードン（Gurdon, I. B.）　95
カハール（Ramón y Cajal, S.）　134
ガモフ（Gamow, G.）　38
カルヴィン（Calvin, M.）　62
カレル（Carrel, A.）　145
カロザース（Carothers, W. H.）　169
北里柴三郎（Kitasato, S.）　145
北野宏明（Kitano, H.）　101, 104
ギブス（Gibbs, I. W.）　50, 52
木村資生（Kimura, M.）　38
キャノン（Cannon, W. B.）　101
キューネ（Kühne, W.）　50

ギルバート（Gilbert, W.）　5
ギルマン（Guillemin, R. C. L.）　123
キング（King, J. L.）　48
クラウジウス（Clausius, R. J. E.）　50
クリック（Crick, F. H. C.）　5, 10, 25
グリフィス（Griffith, F.）　87
グレッツェル（Grätzel, M.）　171
クレブス（Krebs, H. A.）　63, 76
クレブス（Krebs, E. G.）　100
ケンダル（Kendall, E. C.）　123
ケンドリュー（Kendrew, J. C.）　27
ゴア（Gore, Jr., A. A.）　157
コーエン（Cohen, S. N.）　89
コリップ（Collip, J. B.）　122
ゴルジ（Golgi, C.）　17
サイキ（Saiki, R. K.）　93
サザランド（Sutherland, Jr., E. W.）　121
サムナー（Sumner, J. B.）　50
サンガー（Sanger, F.）　74, 123
シェリントン（Sir Sherrington, C. S.）　134
ジェンナー（Jenner, E.）　144
志村令郎（Shimura, Y.）　5
下村脩（Shimomura, O.）　18
シャリー（Schally, A. W.）　123
シャルガフ（Chargaff, E.）　10
シャルパンティエ（Charpentier, E. M.）　99
ジュークス（Jukes, T. H.）　48
シュミット（Schmitt, O.）　168
シュライデン（Schleiden, M. J.）　17
シュレーディンガー（Schrödinger, E.）　51
シュワン（Schwann, T.）　17
シンガー（Singer, S. J.）　18
ジンダー（Zinder, N. D.）　88
スタイツ（Steitz, T. A.）　5

ズッカーカンドル（Zuckerkandl, E.）　38
スミス（Smith, H. O.）　86
ダーウィン（Darwin, C. R.）　37
ダウドナ（Doudna, J. A.）　99
高峰譲吉（Takamine, J.）　61
チェイス（Chase, M. C.）　28
チェック（Cech, T. R.）　1, 5
チェン（Tsien, R. Y.）　18
チャルフィー（Chalfie, M.）　18
忠鉢繁（Chubachi, S.）　158
ツヴェット（Tswett, M. S.）　64
ツヴォルキン（Zworykin, V. K.）　17
テミン（Temin, H. M.）　90
デ・メストラル（de Mestral, G.）　169
寺田寅彦（Terada, T.）　26
ドーセット（Dauset, J.）　145
ド・ソシュール（de Saussure, N. T.）　63
利根川進（Tonegawa, S.）　143
ド・フリース（de Vries, H. M.）　37
ナス（Nass, M. M. K.）　73
ナース（Nurse, P. M.）　110
ニコルソン（Nicolson, G. I.）　18
西川正治（Nishikawa, S.）　26
ニーレンバーグ（Nirenberg, M. W.）　86
ネイサンズ（Nathans, D.）　86
ノイマン（von Neumann, J.）　174
バウアー（Bauer, F. A.）　17
ハクスレー（Huxley, A. E.）　133
ハーシー（Hershey, A. D.）　28
パスツール（Pasteur, L.）　2, 144
バッシャム（Bassham, I. A.）　62
ハートウェル（Hartwell, L. H.）　110
バートロット（Barthlott, W. B.）　170
バーネス（Barnes, C. R.）　64
バーネット（Burnet, F. M.）　146

早石修（Hayaishi, O.）　56
バルティモア（Baltimore, D.）　90
バンティング（Banting, F. G.）　93, 122
ハント（Hunt, R. T.）　110
ファント・ホッフ（van't Hoff, J. H.）　4
フィッシャー（Fisher, E. H.）　100
フェルネル（Fernel, J.）　101
フェルメール（Vermeer, I.）　16
フォン・ザックス（von Sachs, I.）　64
フォン・フリッシュ（von Frisch, K.）　167
フォン・マイヤー（von Mayer, J. R.）　64
藤田誠（Fujita, M.）　35
フック（Hooke, R.）　15
ブフナー（Buchner, E.）　50
ブラッグ父子（Bragg, W. H. & Bragg, W. I.）　26
フランクリン（Franklin, R. E.）　27
プリゴジン（Prigogine, I.）　49, 52
フル（Full, R. J.）　171
フレミング（Flemming, W.）　111
フレンチ（French, D.）　27
ペイヤン（Payen, A.）　50
ベスト（Best, C. H.）　93, 122
ベナセラフ（Benacerraf, B.）　145
ベルタランフィ（von Bertalanffy, L.）　103
ペルティエ（Pelletier, P. J.）　64
ベンソン（Benson, A. A.）　62
ベンダ（Benda, C.）　17, 73
ヘンチ（Hench, P. S.）　123
ボイヤー（Bover, P. D.）　72
ホジキン（Hodgkin, A. L.）　133
ホジキン（Hodgkin, D. C.）　95
堀越弘毅（Horikoshi, K.）　61
ポーリング（Pauling, L. C.）　38
マーカート（Markert, C. L.）　112
マーギュリス（Margulis, L.）　74
マクラウド（Macleod, J. J. R.）　122
増井禎夫（Masui, Y.）　112
マチック（Mattick, J. S.）　109
松尾壽之（Matsuo, H.）　124
マラー（Muller, H. J.）　36
マリス（Mullis, K. B.）　92

ミカエリス（Michaelis, L.）　17, 50, 73
水谷哲（Mizutani, S.）　90
ミラー（Miller, S. I.）　3
ミンコフスキー（Minkowski, O.）　122
メダワー（Medawar, P. B.）　146
メンデル（Mendel, G. J.）　38
メンテン（Menten, M. I.）　50
モーガン（Morgan, T. H.）　36
八木國夫（Yagi, K.）　57
山中伸弥（Yamanaka, S.）　96
ユーリー（Urey, H. C.）　3
ライヒスタイン（Reichstein, T.）　123
ラウエ（von Laue, M. T. F.）　35
ラゲス（Laguesse, G.-E.）　122
ランゲルハンス（Langerhans, P.）　122
リチャードソン（Richardson, C. C.）　88
ルリア（Luria, S. E.）　88
レーヴィ（Loewi, O.）　135
レーウェンフック（van Leeuwenhoek, A.）　16
レーダーバーグ（Lederberg, I.）　88
ロバートソン（Robertson, J. D.）　18
若山照彦（Wakayama, T.）　96
ワックスマン（Waksman, S. A.）　61
ワトソン（Watson, J. D.）　10, 25
ワーナー（Warner, J. C.）　164

■ 数字・欧文
2衝突モデル　107
α細胞　126
α-ヘリックス　30
β細胞　126
β酸化　76
β-シート　30
σ因子　42
AIDS　106, 155
ATM　117
ATP合成酵素　72, 80
ATR　117
BCR　149
BRCA1　120

B細胞　147, 151
B細胞受容体（BCR）　149
Bリンパ球　147
C_4植物　68
cAMP　121, 129
CD4　150
CD8　150
Cdc25　117
Cdk1　110, 112
cDNA　90
cDNAライブラリー　91
CRISPR/Cas9法　99
DNA修復　117
DNA損傷　117
DNA二重らせん構造　29
DNA複製　114
DNAポリメラーゼ　91, 92
DNAリガーゼ　88, 89
D-グルコース　8, 9, 27
D-デオキシリボース　10
D-リボース　10
EC番号　55
ES細胞　97
ES複合体　54, 57
$FADH_2$　76
G_1/S期　117
G_1期　114, 118
G_2期　115, 117
HIV　106, 155
HLA　153
HPA系　131
H遺伝子　145
IgA　152
IgE　152
IgG　151
IgM　149
iPS細胞　96
L-アミノ酸　4, 7
MAPキナーゼカスケード　106
MHC　145
MPF　112, 117
mRNA　20, 41
mtDNA　74, 81
Myc　118
M期　111, 113
M期促進因子　112
NADH　76
Na^+-K^+ポンプ　137
NK細胞　147
p21　112

索　引

p53　112, 117, 118
PCR 法　90
PTSD　131
Rb　118
RNA ポリメラーゼ　42
RNA ワールド　1, 5
rRNA　1, 5, 44
SV40　112
S 期　114
T_3　126
T_4　126
Taq ポリメラーゼ　93
TCA サイクル　63, 78
TCR　149
TLR　149
tRNA　1, 5, 44, 45
T 細胞　147
T 細胞受容体（TCR）　149
T リンパ球　147

■あ
アーキア　23
悪性腫瘍　119
アクチン　116
アゴニスト　127
亜酸化窒素（N_2O）　163
アシル CoA　76
アストロサイト　135
アセチル CoA　11, 74, 76
アセチルコリン　135
アデニル酸シクラーゼ　121
アデノシン 5′-三リン酸（ATP）
　20, 72
アドレナリン　102
アナフィラキシー　154
アノマー　32
アフリカ単一起源説　84
アフリカツメガエル　95
アポトーシス　81, 149, 153
アポトソーム　81
アマドリ化合物　32
アミノ基　8
アミノ酸　6
アミノ酸置換率　47
アミラーゼ　33
アミロース　27
アリル　119
アルコール醗酵　55
アルドステロン　127

アレルギー　152, 154
アレルゲン　154
アンタゴニスト　127
アンドロゲン　127
暗反応　67
アンモニア　163
アンモニアモノオキシゲナーゼ
　163

■い
硫黄酸化物　161
イオンチャネル型受容体　138
異化　51, 60
閾値　136, 168
一次応答　151
一次構造　30
遺伝暗号　43
遺伝形質　37
遺伝再編成　146
遺伝子組換え　86, 94
遺伝子クローニング　90
遺伝子工学　89
遺伝子修復　115
遺伝子地図　86
遺伝子複製　26
遺伝的多様性　165
イニシエーター tRNA　44
イノシトール三リン酸　129
インスリン　93, 94, 102, 123, 126
インスリン感受性　108
インスリン抵抗性　108
イントロン　43

■う
ウイルス　150
運動神経　102, 140
運動単位　136

■え
エキソン　43
液胞　14, 22
エクソサイトーシス　21
エストロゲン　127
X 線回折　25, 26, 35
X 線構造解析　26
X 線照射　36
エネルギー保存則　51
エピトープ　146
炎症　148
遠心路　140

延髄　140
エンタルピー　52
円ダンス　167
エンドサイトーシス　21
エンドソーム　21
エントロピー　49, 51, 160

■お
岡崎フラグメント　40
オキシトシン　124
オゾン層　158, 160
オゾンホール　158, 161
オートファゴソーム　14, 21
オートファジー　14, 21, 85
親鎖　39, 92
オリゴデンドロサイト　135
オルガネラ　20
温室効果ガス　158, 162, 165

■か
開始コドン　44
回転触媒説　72
解糖系　55
海馬　131, 140
灰白質　140
快・不快　140
開放系　49
開放システム　103
外膜　74
化学合成細菌　69
化学進化説　2
化学浸透説　74
化学肥料　164
鍵と鍵穴　152
核酸　6
核磁気共鳴法　27
学習　141
獲得免疫　147, 149
核分裂　113
核膜孔　20
核様体　22
下垂体ホルモン　128
下垂体門脈　128
加水分解酵素　32
カスパーゼ　81
化石燃料　162
加速ネットワーク　109
可塑性　141
カタラーゼ　21
活性化エネルギー　53, 56

活性酵素種　82
活性部位　57
活動電位　135
滑面小胞体　21
カテコールアミン　130
可変部位　143, 146, 151
鎌状赤血球貧血症　46
カルニチン　76
カルビン回路　64, 67
カルビン・ベンソン回路　64
カルボキシ基　8
感覚神経　102, 140
間期　113
環境汚染　157
環境ホルモン　127
がん原遺伝子　118
官能基　7
寛容　156
がん抑制遺伝子　112, 118, 120

■き
偽遺伝子　48
記憶　140, 141
記憶細胞　151
気孔　68
基質　50, 55
基質特異性　54
基質濃度　58
奇跡の弾丸　123
拮抗支配　141
ギブス自由エネルギー　50, 52
キメラ　97
逆転写酵素　90
求心路　140
急性ストレス障害　131
牛痘接種　144
旧皮質　140
狂牛病　31
胸腺　147
鏡像　4
拒絶反応　145
キラーT細胞　150
金属有機構造体　35
筋紡錘　102

■く
クエン酸回路　76
クモの糸　99
クラスI MHC　150
クラスII MHC　149, 151

グリア　135
グリオトランスミッター　142
グリコーゲン　33
グリコシド結合　9, 32
クリステ　20, 74
グリーンケミストリー　158, 164
グリーンテクノロジー　164
グルカゴン　126
グルコース・ホメオスタシス
　108
クレブス回路　76
クローニング　93
グロビンタンパク質　47
クロマチン　109, 111, 116
クロマトグラフィー　64
クロロフィル　64, 171
クローン　96
クローン選択説　146

■け
形質細胞　151
形質転換　87, 112
形質導入　88
系統樹　84
血液型　34
血液脳関門　142
結晶スポンジ法　35
血清療法　145, 154
血糖値　101
ゲノム　20, 29
ゲノムDNA　13
ゲノム編集　98, 99
原核細胞　18
原核生物　23
顕性　119
現生人類　84

■こ
コアセルベート　3
光化学オキシダント　161
光化学系I　66
光化学系II　65
光学異性体　4
光学顕微鏡　14, 16, 111
交感神経系　141
抗原　145
抗原結合部位　152
抗原決定基　146
抗原抗体反応　151
抗原提示　147

光合成　64
光合成細菌　12
高次構造　30
鉱質コルチコイド　127
恒常性　128
甲状腺　126
甲状腺刺激ホルモン放出ホルモン
　8, 123
甲状腺ホルモン　126
抗ストレス作用　127
抗生物質耐性　89
酵素　5, 50, 53, 55
酵素-基質複合体　54
高速水着　174
酵素濃度　58
酵素反応　56
酵素反応速度論　50, 57, 59, 107
抗体　143, 145
抗体軽鎖　146
光電子伝達系　65, 66
後天性免疫　106, 147
後天性免疫不全症候群（AIDS）
　106, 155
興奮　136
酵母　50
後葉　124
抗利尿ホルモン（ADH）　124
光リン酸化　66
古細菌　23
五炭糖　10
骨髄　147
骨髄腫細胞　143
コドン　43
コヒーシン　115
ゴルジ体　20
コルチゾール　123, 127, 131
コルチゾン　123
コレステロール　12

■さ
細菌　22
サイクリックAMP　121
サイクリン　110
サイトカイン　148
サイトゾル　19
サイバネティックス　102
細胞　14, 15
細胞核　17, 20, 111
細胞呼吸　74
細胞骨格　22

索　引

細胞質　19
細胞質分裂　113
細胞周期　112, 113, 117, 118
細胞性免疫　150
細胞説　17
細胞内共生説　24, 74
細胞内小器官　15, 20
細胞板　116
細胞分裂　110
細胞壁　22, 23
細胞膜　19
材料科学　169
作業記憶　141
サーマルサイクラー　93
散逸構造　52
酸化還元反応　78
サンガー法　123
サンゴ白化現象　160

■し
シアノバクテリア　12, 68
紫外線　41, 158, 160
紫外線照射　13
色素増感太陽電池　171
軸索　133, 136, 168
軸索小丘　136, 137
自己　145, 146
自己受容性　102
自己スプライシング　1
自己組織化　49
脂質　6
視床　140
視床下部　123, 127, 140
システム制御　104
システムバイオロジー　100, 101
ジスルフィド結合　30, 94
次世代シーケンサー　48
自然再生　166
自然選択　47
自然選択説　37
自然発生説　2
自然免疫　147
持続可能な開発　158
至適 pH　54
至適温度　54
シトクロム c　79, 81
シナプス　134, 136, 174
シナプス可塑性　141
シナプス間隙　138
シナプス後膜　138

シナプス小胞　136, 138
シナプス前膜　138
シナプス伝達効率　141
脂肪委縮症　132
脂肪細胞　108
姉妹染色体　115
弱毒性コレラ菌　144
シャペロン　30, 105
シャルガフの経験則　25, 28
終結因子　45
終止コドン　44
収縮環　116
従属栄養生物　60, 62
縮合　8
樹状細胞　147, 149
樹状突起　136
種痘　144
受動輸送　20
種の系統樹　48
シュミット・トリガー回路　168
腫瘍形成能　119
主要組織適合遺伝子複合体（MHC）
　145
受容体　124
上位ホルモン　128
硝化菌　163
松果体　130
常在菌　147
娘細胞　113
小サブユニット　45
脂溶性ホルモン　130
情動　140
小脳　140
障壁　53
小胞　21
小胞体　20
情報伝達物質　121
小胞輸送　21
擾乱　105
食作用　148
触媒作用　54
食物繊維　34
女性ホルモン　127
初速度　57
自律神経　126
自律神経系　139
尻振りダンス　167
進化　36
真核細胞　18
真核生物　23

神経インパルス　135, 136, 168
神経膠細胞　135
神経興奮　133
神経細胞　134
神経終末　136
神経節　140
神経伝達物質　136
神経内分泌細胞　127
人工インスリン類似体　95
人工脂質二分子膜　170
人工多能性幹細胞（iPS 細胞）　96
人工ヌクレアーゼ　98
親水性　7
真正細菌　24
人造ポリペプチド繊維　99
心的外傷後ストレス障害（PTSD）
　131
新皮質　140

■す
髄鞘　136
膵臓　122
水素結合　6, 29, 33
水溶性ホルモン　129
水和　7
ステップ状応答　107
ステロイドホルモン　12, 130
ストレス応答　105
ストロマ　65
ストロマトライト　12
スパチュラ効果　172
スプライシング　43

■せ
生活習慣病　108
制御性 T 細胞　156
制限酵素　86, 88, 89
静止膜電位　137
正四面体説　4
生殖機能　127
生成物濃度　57
性染色体　114
精巣　127
生態系サービス　159, 166
生態系多様性　159, 166
生体高分子　28
生体防御　144
生体膜　20
生体模倣化学　169
成長因子　118

成長因子受容体　118
成長ホルモン（GH）　124
正の選択　153
正のフィードバック制御　107
生物多様性　159, 166
生理活性アミン　130
セカンドメッセンジャー　121,
　129
脊髄　140
脊椎動物　13
節後神経　141
摂食中枢　132
節前神経　141
セル　15
セルロース　22, 33
全か無かの法則　136
旋光性　4
染色体　29, 36, 112
潜性　119
選択的スプライシング　43
全地球的気候変動　159
線虫　104
先天性免疫　106, 147
前頭前野　140
セントラルドグマ　41
セントロメア　115
潜伏期間　155
前葉　124

■そ
臓器移植　145
走査型電子顕微鏡　24, 169
相同組換え　97
相同組換え修復　115
相同染色体　41, 114
相同的末端再結合　41
相補鎖　39
相補的　29
相補的塩基対　10
相補的相互作用　39
即時型アレルギー　154
組織適合遺伝子　145
疎水性　7
粗面小胞体　21, 105

■た
体液性免疫　151
耐故障性　105
体細胞核移植　96
大サブユニット　45

代謝　7
代謝型受容体　138
体性神経系　139
耐熱性DNAポリメラーゼ　61
大脳　140
大脳基底核　140
大脳辺縁系　140
対立遺伝子　119
タカジアスターゼ　61
多細胞生物　17
脱分極　137
多糖類　32
ターミネーター　42
単位膜　18
短期記憶　141
単細胞生物　17
男性ホルモン　127
炭素循環　161
単糖　32
タンパク質　29
タンパク質リン酸化酵素A（PKA）
　121

■ち
チェックポイント　113, 117
遅延型アレルギー　154
知覚神経　140
地球温暖化　157, 158
地球温暖化係数　158
窒素固定菌　163
窒素酸化物　161
窒素循環　163
チミンダイマー　41, 161
チャタリング　169
チャネル　19
中心体　115
中枢神経系　13, 139
長期記憶　141
長期増強　141
腸内細菌叢　156
腸内常在菌　156
蝶ネクタイ構造　106
超撥水性　171
チラコイド　65
チロキシン（T_4）　126

■て
低温殺菌法　2
定常状態　52, 58, 103
定常部位　143, 146, 152

デオキシリボ核酸（DNA）　10
デカップリング　105
デザイン・スペース　104
鉄 - 硫黄クラスター　79
テロメア　96
電圧比較回路　168
転移　119
電位依存性K^+チャネル　137
電位依存性Na^+チャネル　137
電位依存性イオンチャネル　133
転移酵素　34
電気陰性度　6
電子供与体　69
電子顕微鏡　11, 17, 80, 134
電子伝達系　20, 78
電子伝達体　76
転写　41
転写調節因子　20, 42, 130
天然痘　144
デンプン　33, 67
点変異　46

■と
同化　51, 60
動原体　115
糖質　6
糖質コルチコイド　123
動的定常状態　51
糖尿病　122
糖尿病治療薬　95
糖リン酸骨格　10, 29
特異的免疫　149
独立栄養生物　60, 62
トラウマ　131
トランスジェニック生物　97
トランスファーRNA　1, 44
トランスポーター　19
トリプレット　38
トリヨードサイロニン（T_3）　126
トル様受容体（TLR）　149
トレーサー実験　62
トレードオフ　71, 106
貪食細胞　147
トンネル微気圧波　173

■な
内分泌腺　124
細胞内共生説　65
内膜　74, 78, 82
ナイロン　167

索　引

ナチュラルキラー細胞　147
ナトリウム-カリウムポンプ
　137
ナノスーツ　24

■に
II型糖尿病　107
二酸化炭素固定　68
二酸化炭素濃縮　68
二次応答　151
二次構造　30
二重支配　141
二重らせん　38, 39
ニトロゲナーゼ　163
ニューロン　134
ニューロン説　134
ニューロンネットワーク　141

■ね
熱水噴出孔　3
熱力学第一法則　51
熱力学第二法則　51
粘膜免疫　152

■の
ノイマン型コンピュータ　174
脳下垂体　124
脳型チップ　174
脳幹　140
脳死　140
能動輸送　20
ノックアウト　97
ノックイン　97
ノーベル化学賞　1, 18, 49, 62, 64,
　72, 123
ノーベル生理学・医学賞　14, 25,
　36, 86, 96, 100, 110, 121, 123, 124,
　133, 134, 143, 145, 146, 167
ノーベル物理学賞　35
ノーベル平和賞　157
ノンコーディング RNA　109

■は
パイエル板　156
肺炎双球菌　28
バイオインフォマティクス　64
バイオエタノール　70
バイオガス　70
バイオマス　70
バイオミメティックス　167, 168

胚細胞　143
胚性幹細胞（ES 細胞）　97
白質　140
バクテリオファージ　28, 86, 88
破傷風菌　145
バソプレシン　124
白血球　147
醗酵　50
パンスペルミア説　3
反応速度定数　58
反応特異性　54
半保存的複製　39

■ひ
微化石　3
光呼吸　67
非還元糖　9
非極性　7
非自己　145, 146
微小管　22, 115
微小電極法　133
非相同末端結合（NHEJ）　98
非同期式回路　174
非特異的免疫　147
ヒト全ゲノム塩基配列　48
ヒト白血球抗原（HLA）　153
ヒト免疫不全ウイルス（HIV）
　106, 155
被覆小胞　21
肥満細胞　147
病原体　143
標準ギブス自由エネルギー　53
標的器官　124
標的細胞　124
日和見感染　155
ピルビン酸　76

■ふ
ファゴサイトーシス　21
ファーストスキン　173
ファンデルワールス力　7, 172
フィードバック制御　102, 103
フィードバック調節　128
富栄養化　164
フェレドキシン　66
不応期　137
フォールディング　21, 30
副交感神経　135
副交感神経系　141
副腎　126

副腎皮質　123
複製フォーク　40
不斉炭素　4, 9
不都合な真実　157
化学的防御　147
物理的防御　147
負の選択　153
不飽和脂肪酸　11
プライマー　40, 91
プライマーセット　92
フラジリティ　106
プラストノン　66
プラスミド　88, 89, 91
プリオン　31
フレミング溶液　111
プロインスリン　94
プロゲステロン　107
プロテインキナーゼ　100, 110
プロテインホスファターゼ　100
プロトン　73
プロトン駆動力　79
プローブ　91
プロモーター　42
フロン　158
分岐年代　47
分子系統解析　84
分子進化中立説　38, 48
分子時計　38, 47
分泌小胞　139
分裂溝　116

■へ
ベクター　96
ベースラインのシフト　159
ヘテロ接合　46
ペプチドグリカン　23, 34
ペプチド結合　8, 29
ペプチドホルモン　129
ヘミアセタールヒドロキシ基　9
ヘムタンパク質　79
ヘモグロビン　38, 46
ペルオキシソーム　21
ヘルパー T 細胞　106, 150
ヘルパー T_1 細胞　150
ヘルパー T_2 細胞　151
変異　36, 37
変異 β グロビン（HbS）　46
偏光　167
扁桃体　140

■ほ

保因者　119
放射光　27
放射性同位元素　28, 62
放射線　38
紡錘体　22, 115
紡錘体赤道面　115, 116
補欠分子族　57
補酵素　57
補酵素 Q　78
母細胞　113
ホスホエノールピルビン酸　68
母性遺伝　82, 83
ボトルネック　174
ホメオスタシス　101, 128
ホメオボックス遺伝子　109
ホモ・サピエンス　84
ホモ・サピエンス・サピエンス　13
ホモ接合　46
ホモプラズミー　82
ポリ A テール　43, 91
ポリヌクレオチド　27
ポリフェノールタンパク質　170
ポリメラーゼ連鎖反応法　90
ポリン　74
ホルモン　121, 124
翻訳　41, 43

■ま

マイトファジー　85
膜間腔　20, 74
膜電位　79, 133
マクロファージ　147
マスト細胞　147, 148
末梢神経系　139
マトリックス　20, 74, 79
マラリア　47

■み

ミエリン鞘　136
ミオシン　116
ミカエリス定数　58
ミカエリス・メンテンの式　59
ミクログリア　135
水クラスター　6
ミスマッチ修復機構　40

ミッドボディ　116
ミツバチダンス　167
ミトコンドリア　17, 20, 24, 65, 72, 73, 81, 85
ミトコンドリア DNA　74
ミトコンドリア・イブ　84
ミトコンドリア病　74, 83

■む

娘鎖　39, 92
無反射フィルム　173

■め

迷走神経　135
明反応　67
メタノール酵母　21
メッセンジャー RNA　20, 41
免疫　144
免疫寛容　152
免疫記憶　151
免疫グロブリン G（IgG）　151
免疫グロブリン M（IgM）　149
面ファスナー　169

■も

網状説　134
モジュール　105, 109
モジュール化　105, 106
モスアイ構造　173
モータータンパク質　116

■や

ヤヌスグリーン　73
ヤモリ型ロボット　172

■ゆ

有機塩基　39
有機低分子　6
有糸分裂　113
有糸分裂期　111
有性生殖　114
ユビキチン　82
ユーリー・ミラーの実験　4

■よ

葉緑素　64
葉緑体　22, 24, 65

予防接種　153

■ら

ラインウィーバー・バークプロット　59
ラギング鎖　40
ランゲルハンス島　122, 126
卵成熟促進因子（MPF）　112
卵巣　127
ランビエ絞輪　136

■り

リガンド　127
リスク　120
リソソーム　21
立体特異性　54
リーディング鎖　40
リブレット構造　173
リボ核酸（RNA）　10
リボザイム　1, 5
リボソーム　5, 21, 44
リボソーム RNA　1, 44
硫化水素　69
流動モザイクモデル　18
両親媒性　11, 12
緑色蛍光タンパク質（GFP）　18
リン酸エステル結合　11
リン酸化　80
リン脂質二重層　11, 19, 169
リンパ管　147
リンパ球　147
リンパ節　147

■る

ルテニウム金属錯体　171
ルビスコ　67, 71

■れ

レスピラソーム　80
レトロウイルス　90, 155
レプチン　132

■ろ

六炭糖　9
ロータス効果　171
ロバストネス　104, 106

編著者略歴

木 内 一 壽
き うち かず とし

1980年　名古屋大学大学院医学研究科
　　　　博士課程修了
現　在　岐阜大学科学研究基盤センター
　　　　特任教授，医学博士

©　木内一壽　2018

2018 年 4 月 16 日　　初 版 発 行
2025 年 2 月 25 日　　初版第 5 刷発行

生 物 と 科 学
— 生物に挑む科学の歩み —

編著者　木 内 一 壽
発行者　山 本 　 格

発 行 所　株式会社 培 風 館

東京都千代田区九段南 4-3-12・郵便番号 102-8260
電 話 (03) 3262-5256 (代表)・振 替 00140-7-44725

平文社印刷・牧 製本

PRINTED IN JAPAN

ISBN 978-4-563-07827-0 C3045